サイバーセキュリティ戦記

NTTグループの取組みと精鋭たちの挑戦

横浜信一 著
NTTグループ CISO

リックテレコム

注意

1. 本書の記載内容は、2023 年 4 月現在の情報です。本書に記載された内容については、将来予告なしに変更される場合があります。
2. 本書の後半の第Ⅱ部は、リックテレコム社のサイト「BUSINESS NETWORK」(https://businessnetwork.jp/) 連載の記事を書籍用に編纂したものになります。

商標等の取り扱いについて

1. 本書に記載されている商品名、サービス名、会社名、団体名およびそれらのロゴマークは、各社または各団体の登録商標である場合があります。
2. 本書では原則として、本文中において ™ マーク、® マーク等の表示を省略しています。

はじめに

本書の狙い

ＮＴＴのセキュリティへの取組みが、他企業の皆様や産業界にとって参考になるならば、可能な限り積極的に情報発信しようと思って著したのが本書である。

ＮＴＴは自らの企業ミッションを「事業活動を通じた社会的課題の解決」としている。社会経済活動のデジタル化が加速度的に進む中、サイバーセキュリティの確保は明らかに社会的課題の一つであろう。そうであるなら、ＮＴＴが社会のサイバーセキュリティ確保に貢献することは、企業ミッションを果たすことに他ならない。

社内の取組みを対外的に公開することには抵抗感もあった。「手の内」を明かすわけであるから、ＮＴＴを攻撃したいと思っている攻撃者を利することになるのではないか、これまで以上に厳しいサイバー攻撃に晒されるのではないか、という心配もあった。

しかし、今やすべてが繋がる時代である。私達は、デジタル技術によって多大な恩恵を受けている。過去数十年間の経済社会の発展には、明らかにデジタル技術の貢献が大きい。これからの社会を展望すれば、デジタル技術が与えるプラス効果は計り知れないと言えるだろう。情報通信インフラやデジタルサービスを提供する企業として、NTTはセキュアなデジタルインフラ、デジタルサービスを提供することで、健全な経済社会の発展に貢献したいと望んでおり、それが企業ミッションを果たすことにつながると考えている。

セキュアなデジタル経済社会の実現はNTTの企業ミッションの一部に位置付けられるが、それはNTTだけでは実現できない。社会を構成するすべての企業、家庭、個人、政府、大学・研究機関、NGOなどと一緒に取組むことが必要である。そうした考えに沿って、敢えて「手の内」を明かすことを厭わずに本書を著すことにした。

リモートスタンダードを支えるセキュリティ

2022年6月、NTTは転勤や単身赴任が不要となる働き方、「リモートスタンダード制度」を約3万人の社員を対象に導入することを発表した。ニュース等で大きく報道されたので、記憶している人も多いのではないだろうか。

筆者はNTTグループで最高情報セキュリティ責任者（CISO：Chief Information Security

Officer）を務めている。最高情報セキュリティ責任者とは、いかにもいかめしい響きだが、昨今話題に上ることが多い、情報漏えいの防止や被害の回避に責任を持つ役員であり、デジタル化が進む中ではサイバーセキュリティの責任者でもある。

ＮＴＴがリモートスタンダード制度を導入するという発表を行って以降、社外の方々から「セキュリティ対策はどうしているの？」と質問を受けることが増えた。確かに、社員が自宅などから通信回線を使ってリモートワークをすると、サイバー攻撃のポイントが増える。このため、仕事場所がオフィスだった頃と比べると、セキュリティ面で留意すべき点は増えたと言える。その詳細については本編の方で紹介するが、筆者が感じたのは「ＮＴＴの働き方改革が、同時にＮＴＴのセキュリティの取組みに対する興味も引き出しているのではないか」ということであった。

コラム

リモートスタンダード制度

リモートスタンダード制度とは何か？　一言で表現すると「居住地フリー」の働き方である。新型コロナウイルスの感染が広まった2020年春以来、リモートワークを導入して、場所や時間に捉われない働き方を指向する企業が一気に増大した。NTTでも働き方をリモートワークに対応させるべく、様々な制度変更を積み重ねた。例えば、それまでの在宅勤務制度では1か月あたりの回数に上限があったが、これを撤廃した。これにより、社員は100％自宅で働くことも可能になった。また、リモートワークに伴って発生する水道光熱費や通信費に相当する対価を支給するリモートワーク手当も創設した。さらに毎日出社する前提で固定的に支給していた通勤費を出社の回数に応じた実績払いとした。勤務の時間帯についても、コアタイム有のフレックス制や分断勤務の制度に加え、コアタイム無しのスーパーフレックス制を新設した。このような様々な制度改革を通じて「時間」と「場所」に捉われない働き方を実現してきた。

「時間」と「場所」に捉われない働き方の先に残ったのは「居住地」である。「時間」と「場所」に捉われないと言っても多くの場合リモートワークで働く「場所」は「居住地」である。それまでの制度ではあくまで「出社がデフォルト」であったため、「居住地」は必然的にオフィスに出社可能な場所である必要があった。そのため、これまでの制度・働き方では、オフィスの近くに住むための転勤や単身赴任が普通であった。ここに風穴を開けたのが「リモートワークをデフォルト」「居住地フリー」の考え方である。社員は日本国内であれば居住地をどこにしてもよく、オフィスから遠く離れたところを居住地に選ぶことが出来る。例えば、福岡市の自宅で家族と生活している社員が札幌市の職場に異動した場合、その社員は引続き福岡市の自宅を居住地として、札幌勤務をリモートで行えばよい。あくまでハイブリッドワークが前提であるため、出社も時々必要となるものの、その際は福岡市から札幌市への移動費や宿泊費を出張扱いとして会社が負担する。これによって、家族揃っての転勤・引っ越しも不要になるし、家族と別れて単身赴任する必要もなくなる。

コロナ禍をきっかけとして広がったリモートワークであるが、こうした自由な働き方の導入は社員満足度向上につながることが社員約10万人を対象としたアンケート調査でも裏付けられており、ＮＴＴでは効果を見極めながら、制度の適用者をさらに拡大させていく方針である。

ＮＴＴのセキュリティへの外部の声

そこで、他社でＣＩＳＯを務める人やセキュリティ関連の業務に携わる人たちに、「ＮＴＴのセキュリティについてどんなイメージを持ちますか？」と聞いてみるようにした。

すると、何人かの方から「きっとすごい取組みをしているのだろうと思う」、「日本の最高レベルのセキュリティ対策をとっているのでないかというイメージを持つ」という回答を頂いた。また、「セキュリティはどこまで対策をとれば良いのか判断が難しい。その点、ＮＴＴの取組みを知れば『ここまでやればまず大丈夫』という目安になると思う」というご意見もあった。内部事情を知る立場から見ると、ＮＴＴのセキュリティには課題も山積している。しかし、外部の方々はそうした実態はともかく、ＮＴＴが持つ経験や知見に対して高い期待を持っておられるということを教えられた。こうした経験も本書を著すきっかけとなっている。

本書の構成

本書は大きく二部から構成される。第Ⅰ部「ＮＴＴのサイバーセキュリティへの取組み」ではＮＴＴの取組みを、テーマ別の章立てでご紹介する。読者の皆様は、ご自分の興味のある章からお読みいただいて構わない。

- 「第1章　ガバナンス」では、国内外約900のグループ会社からなるNTTグループ全体のセキュリティガバナンスの枠組みをご紹介する
- 「第2章　アーキテクチュア」では、セキュリティの技術、運営、組織体制の基本的な枠組み作りをどう行っているのか、長期的なロードマップをどう定めているのかをご紹介する
- 「第3章　脅威インテリジェンス」では、NTT自身が巨大なインフラ事業者であり日々多数の攻撃に晒されていることから、そこから得られる知見などを脅威インテリジェンスとしてセキュリティの取組みに活かす活動をご紹介する
- 「第4章　研究開発」では、NTTの研究所におけるサイバーセキュリティ分野の研究内容から、特にNTTらしいテーマをご紹介し、また研究所の人材育成面での貢献にも触れる
- 「第5章　レッドチーム」では、セキュリティガバナンスの実効性を高める検証機能としてのレッドチーム活動をご紹介する
- 「第6章　バグ・バウンティ・プログラム」では、社員の潜在力を活かして情報システムに潜む脆弱性を発見すると同時に、セキュリティ人材の育成も狙う、報奨金制度をご紹介する

●「第7章　インシデント対応」では、実際の事例に基づいて、インシデント発生時の社内・社外、国内・国外のステークホルダーマネジメントのあり方をご紹介する
●「第8章　人材育成と社内コミュニケーション」では、社内におけるセキュリティ人材の認定制度などの育成策と、広く一般社員に向けた啓発活動をご紹介する
●「第9章　グローバルマネジメント」では、海外事業会社に対するセキュリティガバナンス、セキュリティマネジメントの手法をご紹介する
●「第10章　対外協力」では、国内外の官民連携・企業団体・非営利団体への参加や、個別企業との協力をご紹介する
●「第11章　情報発信」では、国内外へのサイバーセキュリティはじめデジタルテクノロジーに関する情報発信活動をご紹介する

第Ⅱ部「精鋭たちの挑戦」では、第Ⅰ部でご紹介する取組みの実務を担うセキュリティ人材10人について、彼ら・彼女らの具体的な活動をご紹介する。その際、日々の活動内容だけではなく、これまでのキャリア経験やそこから培われた職業意識などについてもご紹介させて頂く。10人はNTTグループ内のセキュリティ人材認定制度で「上級」と認定された者たちである。上級認定はNTTグループ全体でも約90人にしか与えられておらず、トップクラスに位置するセ

キュリティ人材である。

セキュリティに携わる人材は「セキュリティ人材」と一括りで表現されがちだが、実はその活動は極めて多岐にわたる。同じ「セキュリティ人材」といっても、日々の活動も専門知識もかなり多様である。そうした多様な人材が、色んな人間模様を描きながら日夜セキュリティの確保に汗を流しているのがセキュリティの現場である。人物紹介を通じて、セキュリティ人材とは多様な人材群であること、そこには人間臭いそれぞれの思いがあることもお伝えしたい。

読者の皆様へ

本書を手にしておられる読者の多くは、企業・組織において何らかの形でサイバーセキュリティに関わっておられることと思う。そうした皆様に対しては、日頃のご努力、ご尽力に対して深い尊敬の念を表したい。また、一緒に社会を守る仲間、同志として感謝の気持ちも表したい。

サイバーセキュリティは技術課題だけではなく経営課題でもある、という考えはようやく世の中に浸透しつつある。しかしながら、わかりにくい・とっつきにくい、というイメージが先に立って、ＣＩＳＯやセキュリティ担当者に「お任せ」となっている企業・組織はまだまだ多いのではないだろうか。本書の内容が、なかなかわかりにくいセキュリティ活動にスポットライトを当て、企業経営・マネジメントに携わる幅広い層の方々の理解増進に繋がれば幸いである。

加えて、CISOや実務を担うセキュリティ担当の方々の日々の活動・取組みに対し、何らかの示唆を提供し、少しでも参考になるようであれば、望外の喜びである。

2023年4月吉日

日本電信電話株式会社
グループCISO
横浜 信一

目次 *Contents*

第I部

NTTのサイバーセキュリティへの取組み

第1章

ガバナンス

NTTグループのプロファイル

ＮＴＴグループは年間の売上約12兆円、従業員数約30万人、会社数約９００からなる。事業活動の中心は日本だが、海外約80か国でも事業を展開している。業態的にも通信とＩＴサービスだけでなく金融、不動産、エネルギー、バイオなど多様な業態に進出している。特に海外ではＭ＆Ａを通じて買収した企業が多く、カルチャー面でも多様である。

約９００に及ぶグループ会社群は、資本関係的には重層構造をなしている。すなわち、持株会社（ＮＴＴ）が50％を超える出資をするグループ会社は数十社あり、その中にはドコモ、データ、東日本、西日本、アーバンソリューションズ、ファイナンス、アノードエナジーなどのグループ会社が含まれる。そうしたグループ会社がそれぞれ資本関係のある子会社群を国内外に有している。場合によっては、その子会社群の傘下に別の孫会社が存在することもある。

筆者は２０１８年６月に持株会社のＣＩＳＯ（最高情報セキュリティ責任者）に任命されたが、最初に頭を悩ませたのは、こうした大規模で多様・複雑な構成からなるＮＴＴグループにおいて効果的なサイバーセキュリティのガバナンスをどう実現するかであった。

ガバナンスとは

ガバナンスは「企業統治」と訳されることが多く、このため、本社や管理部門が規程やルールを定め、それを会社全体に守らせることと解釈されることが一般的に多いように思われる。しかし、筆者はそうしたアプローチはガバナンスの一側面であって、ガバナンスという考えはもっと広く捉えても良いのではないかと考えている。

具体的には、「その組織の構成員が、組織にとって全体最適となる行動を自然ととるようになる、そんな仕組みを作ること」をガバナンスと捉えている。本社主導、中央集権でなく、分権された会社や組織であっても、ガバナンスを機能させることが出来るのでないか。そして、NTTのような巨大で複雑な組織の場合にもその考えを当てはめてみてはどうかと考えて、次に示す2つの方針をたてた。

ガバナンスの方針1：主要事業会社が中心的役割を果たす

セキュリティのガバナンスをNTTグループで実現する際に、中心的役割を果たすのは持株会社だけではなく、主要事業会社も同様に中心的役割を果たすとしている。主要事業会社とは、持株会社が50%を超える出資をする数十社の中でも特に規模の大きな約10社を指している。

サイバーセキュリティのマネジメントでは、インシデントは必ず起こるという前提に立って被害を最小化することに注力をする必要がある。被害の最小化には、被害が起きている現場の社員が状況に応じた適切な対応をタイムリーにとることが必要となる。本社主導・中央集権だけでは、機動的な対応は困難であり現場主導のマネジメントを普段から常態化しておくことが望ましい。

サイバーセキュリティに関する人材や予算も、持株会社でなく主要事業会社に多く存在している。現場主導の必要性とリソースのアベーラビリティ、この2つの理由から、持株会社だけでなく主要事業会社が中核的役割を果たすとしている。

なお、先に述べたように、主要事業会社は、それぞれが数十から百に近い子会社群を有している。これらの子会社群のサイバーセキュリティのマネジメントも、主要事業会社が集約的に担い責任を負うことを基本的な考えとしている。

ガバナンスの方針2：三線構造

重層構造をなすグループ会社群の中で中心を担うのは主要事業会社約10社と定めた上で、ガバナンスの基本コンセプトである、第一線・第二線・第三線の考え方を導入した。

第一線はビジネス活動の現場である。情報システムの開発・運用、通信網の保守・運用、店舗、お客様サポートセンター、さらには財務や経理、マーケティングなどのバックオフィス業務もすべて第一線となる。

第二線は組織内で情報セキュリティが守られるための活動の中心を果たし、「情報セキュリティ部門」などと呼ばれることが多い。第三線は、独立した立場から第一線・第二線の活動の検証や必要な助言をする役割で、「内部監査部門」などと呼ばれる。第三線は情報セキュリティ以外も幅広くテーマとするため、情報セキュリティはその一部にしか過ぎない。

「主要事業会社がグループ情報セキュリティガバナンスの中核を担う」という方針と、「第一線・第二線・第三線」の考えを掛け合わせることで、グループとしての情報セキュリティガバナンスの全体方針が浮かびあがる。**図1－1**を参照頂きたい。3×2のマトリクスで整理された各組織が、どのような役割を果たすかを示している。このマトリクスの中で最も大切なのは、右上の「事業会社、事業部の第一線」である。ここでセキュアな業務運営が行われることが最も大事である。そのために、その下の「事業会社のセキュリティ組織」が第一線を支援し、会社全体のセキュリティルールを定めたりする。持株会社のセキュリティ組織は左の2段目に記されてお

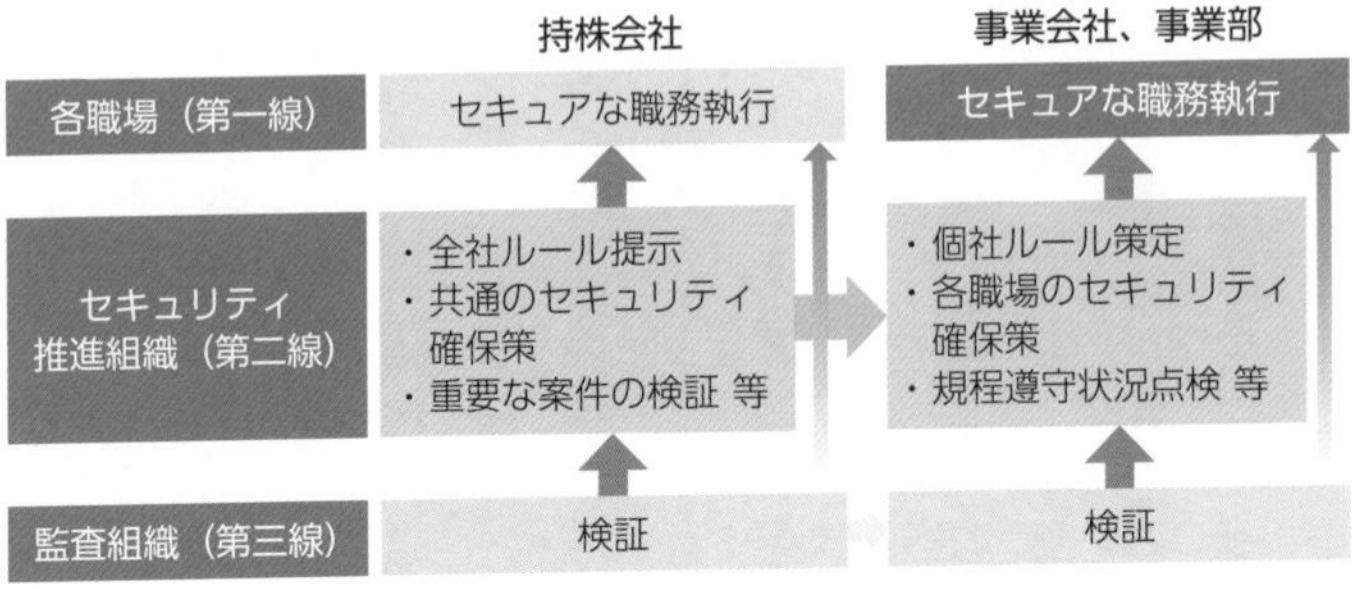

図 1-1　NTT グループがめざすセキュリティガバナンス

り、こちらは事業会社のセキュリティ組織を支援したり、グループ共通のセキュリティルールを定めたりする。

持株会社の第二線（セキュリティ組織）が行う施策は、セキュリティルールの制定だけではなく、セキュリティアーキテクチュアの設定、脆弱性対応、[注1]インシデントハンドリング、人材育成、各種演習、など多岐に亘る。これらの施策を通じて、事業会社の第二線（セキュリティ組織）が事業会社の第一線（事業運営の現場）におけるセキュアな事業運営を進めることを裏から支援することになる。

持株会社のセキュリティ組織は、ともすると事業会社に対してルールを決めてその順守を求めることに重きを置きがちだが、ルール順守だけではなく第一線を支援している事業会社の第二線を更に支援している、という点がポイントである。

ＣＩＳＯのミッション、スコープ

ガバナンスの方針を決定したら、次に必要なことはＣＩＳＯの役割定義である。ＣＩＳＯは最高情報セキュリティ責任者と訳されることが多く、企業で情報セキュリティに関する最高責任を担う職務である。情報セキュリティ、サイバーセキュリティは経営課題という認識にたてば、ＣＩＳＯの職務は経営陣が担うことが望ましい。具体的には各社の経営会議や取締役会のメンバーである。

より大切なのは、ＣＩＳＯの責任範囲の明確化である。企業内に存在する情報や情報システムは多岐に亘る。ＣＩＳＯの責任が多岐に亘る情報や情報システムのどの範囲をカバーするかを明確に定めることが大切である。**図1－2**をご覧頂きたい。ＮＴＴグループではＣＩＳＯは図に示されたすべての範囲に対して責任を持つこととしている。

エンタープライズＩＴと呼ばれる社内ＯＡ（Office Automation）システムなどはＣＩＳＯの責任範囲となっている企業が多い。しかし、工場や店舗などの業務系やＯＴ（Operation Technology）系、あるいはお客様サービスを提供する情報システムについては、それぞれのビジネスラインにセキュリティの責任があるケースも多い。通信やＩＴサービスの提供会社であるＮＴＴの場合も同様で、お客様向けの商用システムについては事業部などビジネス主管が主たる

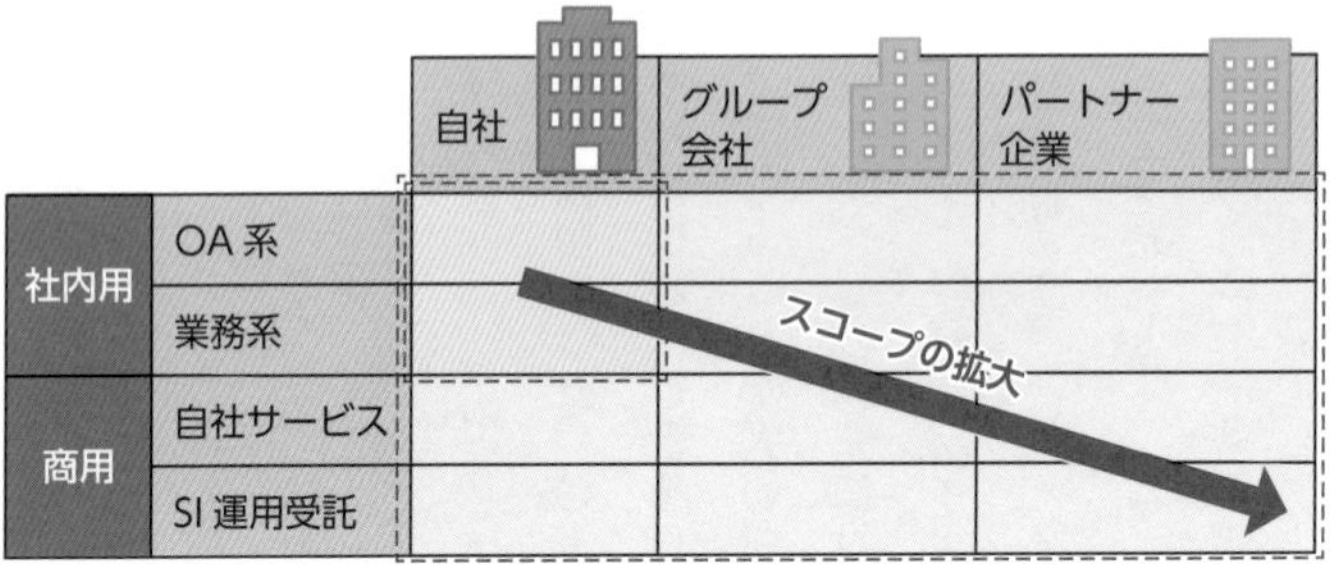

図1-2　CISOの責任範囲の明確化

責任を担っていることが多い。しかしながら、主たる責任は事業部門・ビジネス部門が負うとしても、CISOはセカンダリーな（二義的な）責任を担うという考えを取っている。これによって、会社全体を通してみた情報セキュリティ管理責任者としてのCISOの役割が果たされることになる。前節のガバナンスの方針2で記した三線構造に照らせば、事業部門が第一線で主たる責任を担うが、CISOの責任範囲は第二線だけでなく第一線もカバーすることになる。

また、情報システムを自社が所有していない場合、例えばビジネス上の取引があるパートナー企業の情報システムについても、パートナーに対して情報セキュリティの確保を依頼することが必要である。図1－2はこの点もCISOの責任に含まれることを示している。ここでいうビジネス取引の相手方とは、委託先、調達先、提携先などいわゆる「サプライチェーン」の対象となる取引先のことを言う。

ミニマムベースライン

ＣＩＳＯについては責任範囲と併せて、ミッションの定義が必要となる。ＮＴＴでは、シンプルに「自社を守る」と「グループを守る」ことをミッションとしている。このうち、「自社を守る」ため、ＮＴＴグループに所属する企業であれば規模の大小・業態の如何を問わずに必ず守るべきセキュリティ確保策（ミニマムベースライン）を定め、その実現を求めている。さらに「自社を守る」ためには、各社の事業規模や業態に応じたリスク許容レベルに合わせ、リスクベースの取組みをとることを求めている。

建物に例えればミニマムベースラインが1階建て部分であり、リスクベースの取組みが2階建て部分になる。ミニマムベースラインとしては、例えば、定期的な脆弱性診断、特権アカウントでの多要素認証、アクセス権の最小設定、パソコン・サーバへのＥＰＰ（エンドポイント保護製品）の装備、などが含まれる。

ＮＩＳＴ ＣＳＦを用いたリスクベースマネジメント

リスクベースの取組みには、米国商務省の国立標準技術研究所（ＮＩＳＴ）が定めるサイバーセキュリティフレームワーク（ＣＳＦ）を使うことを義務付けている。ＮＩＳＴ ＣＳＦの利用を義務付けているのは、ＮＩＳＴ ＣＳＦがグローバルスタンダードになりつつある（p.29 のコラム参照）こともあるが、リスクベースのマネジメントでは各社固有の事情の中で独自のセキュリティ対策がとられがちになるため、リスクマネジメントの考え方を共通化してお互いに理解し合えるようにするためである。

なお、事業会社でリスクベースのマネジメントを行うこととするものの、ミニマムベースラインで求めている内容はグループ共通で守るべき必須事項である。リスクベースマネジメントは、あくまでミニマムベースラインを実施したうえでの追加対策として行われる（**図1－3**参照）。

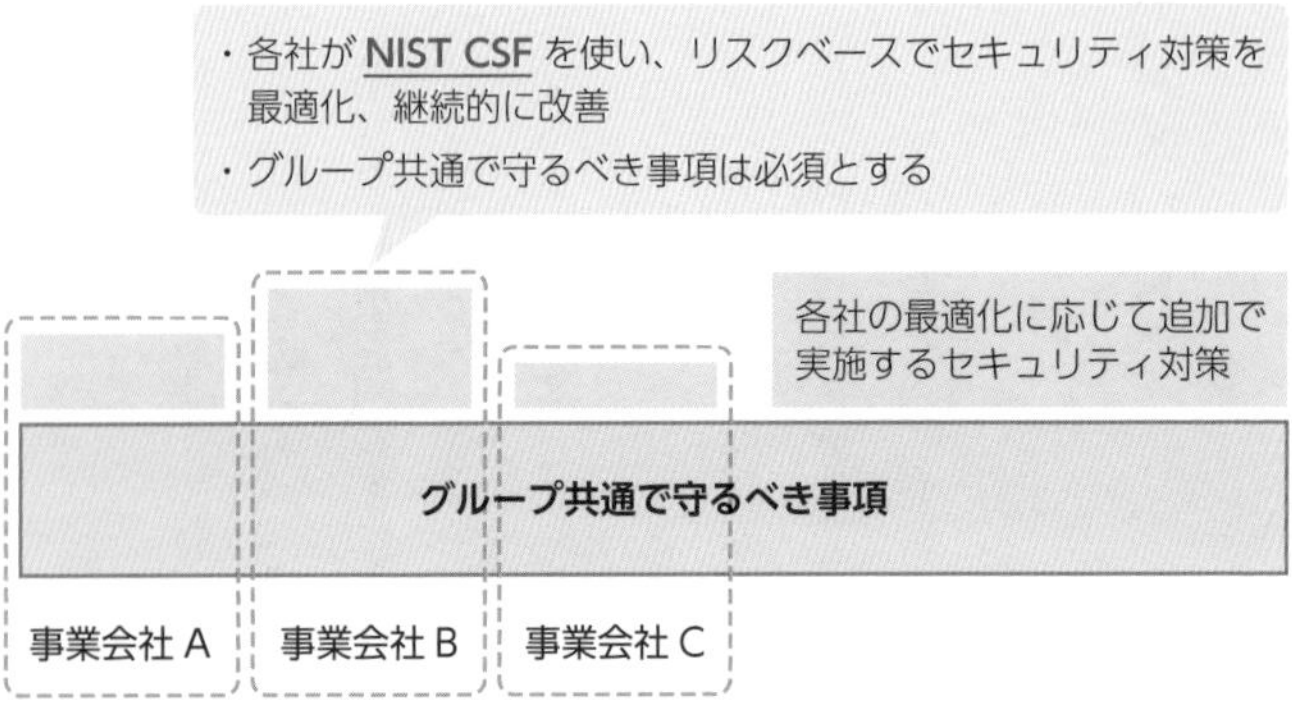

・各社が NIST CSF を使い、リスクベースでセキュリティ対策を最適化、継続的に改善
・グループ共通で守るべき事項は必須とする
各社の最適化に応じて追加で実施するセキュリティ対策
グループ共通で守るべき事項
事業会社 A
事業会社 B
事業会社 C

図 1-3　リスクベースマネジメントの活用

コラム

NIST CSFについて

米国ではオバマ政権期の大統領令に基づき、NIST が産業界や各種標準化団体、学会などの意見を聴取して2014年2月にNIST CSFを公表した。もともとは重要インフラ事業者向けのものとして作成されたが、重要インフラ企業以外でも有用であることが認められ、米国政府によるサイバーセキュリティ政策の中心的役割を果たしている。

また、米国外でも普及が拡大しており、グローバルスタンダードの地位を占めつつある。日本でも、内閣サイバーセキュリティセンター（NISC）の重要インフラ行動計画（2022年6月）、経済産業省のサイバーセキュリティ経営ガイドライン（2019年11月）において、引用されている。

その基本の考えは「リスクベース」であり、企業や組織にとって望ましいセキュリティ対策は、その戦略やリスク選好によって個別に異なるはずという基本的考えに基づいて、企業や組織がセキュリティの取組みを定める上での枠組み（フレームワーク）を示している。

企業の取組みが、特定、防御、検知、対応、復旧の5つのステップ（正式には「ファンクション」と呼ばれる）で示され、それがわかりやすいため「ファンクション」ばかりがハイライトされがちだが、実際は「ファンクション」、「プロファイル」、「ティア」の3つを組み合わせて使う。

「プロファイル」は、自社のセキュリティの現状と望ましい姿の両方を表したものである。その差分を埋める努力が、企業や組織におけるサイバーセキュリティの取組みになる。現状は各企業によって異なるし、また望ましい姿も各企業の事業戦略によって異なるので、プロファイルは当然各企業によってマチマチなものとなる。

「ティア」は「プロファイル」を決める際のレベル設定用の物差しの役割を果たす。5つのファンクションをブレークダウンしたカテゴリー、サブカテゴリーごとに、組織・企業が主体的に現状を評価し、また望むレベルを設定する。

最新版はNIST CSF v1.1（2019年4月）だが、NISTは2022年2月にバージョン2に向けた改定作業の開始を公表、現在は企業や政府機関の参加を得て改定作業が進行中である。最新の発表によれば2024年春にバージョン2を完成させることをめざしている。

新型コロナ感染拡大による情報セキュリティ規程の見直し

以上、ガバナンスの基本方針として、持株会社と事業会社の役割分担、第一線・第二線・第三線の考え、さらにはCISOの責任スコープの概要を説明してきた。これらを盛り込んで文書化したものがNTTグループの情報セキュリティ規程である。

多くの企業もそうだと思うが、情報セキュリティに関する規程類は、技術の進歩や使い方の変化に応じて、都度都度の改定を重ねている。NTTでも同様に幾度もの改定を積み重ね、その結果、非常に複雑で分かりにくいものになっていた。それを2021年夏から2022年夏までの約1年をかけて見直した。

見直しのきっかけは2020年春に遡る。新型コロナウイルスの感染者が急拡大しNTTでもリモートワークを急激に増加させた。「セキュリティの現場は大丈夫なのだろうか？」と心配になった筆者は、事業会社のセキュリティ部長クラスとの会議で「リモートワークの拡大で困っていることがあったら教えて欲しい」と問いかけた。そこで出てきた意見が、従来からのセキュリティルールの下でリモートワークを本格的に行うことの限界であった。当時のNTTでは職場で仕事をするのが当たり前で、例えば端末を職場外に持ち出すには上司の特別な許可がいるなど、いわゆる「境界防御型」のセキュリティ思想に基づいてすべてが組み立てられていた。その後、会社の方針は「リモートスタンダード」へと大きく舵が切られていく。元々都度都度の改定を重ねて非常にわかりにくくなっていたセキュリティ規程類を、抜本的に見直す良いタイミングと捉えた。そして2021年7月に、セキュリティの基本コンセプトを「リモートワークを支えるゼロトラスト型のセキュリティ」へと転換することとし、グループの情報セキュリティ規程もゼロベースで作り直すこととした。

1年かけて出来あがった新グループセキュリティ規程は、従前のものと比べて次の4つの特徴がある。

(1) シンプルさ、読みやすさ

新規程は想定読者を①経営陣、②CISOと情報セキュリティ担当者、③システム開発関係者、④一般社員に分けて、各読者を想定した章立てで構成している。トータルボリュームも200ページ以上のものが80ページへとスリム化された。

(2) リモートワーク前提での記載内容

前述した「端末は原則持ち出し禁止」のような記載はなくなり、逆に「自宅で勤務する場合の留意点」「オープンスペース（コーヒーショップなど）で勤務する場合の留意点」

などを充実させた。

（3）NIST CSFを使ったリスクベースマネジメントの必須化

従来のグループ規程はミニマムベースラインのみを記載し、それを超えた対策は各社が自由に行って構わないとしていた。新規程ではミニマムベースラインを超えたセキュリティの取組みは各社がリスクベースで決め、その際にNIST CSFを共通手法とすることを求めている。

（4）CISOのミッションと責任範囲の明確化

従来の規程にはCISOの役割は記されていなかったが、新規程では、「最高情報セキュリティ責任者」が果たすべき役割とその範囲を具体的に明示している。

実装・実運用はこれから

ここまで、NTTグループのセキュリティガバナンスの概要を紹介してきたが、すべてまだまだ道半ばで未完成であることを最後に申し上げたい。情報セキュリティ規程についてもグループ規程は出来上がったが、次のステップとして各事業会社が「個社別の規程」をグループ規程に則った形で策定していく必要がある。また、規程が出来ればガバナンスが完成するわけでもない。リスクベースの考え方も、コンセプトとしてわかっても実際にどんなリスクを許容するのかといった具体論になるとこれからの話となる。

本章に記した内容を、CISOはじめ情報セキュリティに携わる社員、さらにすべての社員が咀嚼・理解し、日々の活動に反映させて初めて「組織の構成員が自然と全体最適の行動をとるような仕組み作り」が完成する。そこに至るまでの間には、サイバーセキュリティを巡る外部環境もさらに変化するであろう。それに応じてめざすガバナンスの姿も変化することが必要になるかもしれない。結局、いつまでたってもセキュリティガバナンスの完成形には至らないものと思われる。

ダイナミックに変化する環境の中でセキュリティガバナンスを確保するためには、ガバナンスの方針・指針を明確に打ち出し、組織の構成員をそちらに動かし続けることが大切である。定型に陥らない、不断の見直しがサイバーセキュリティ分野のガバナンスには不可欠と言える。

第2章

アーキテクチュア

セキュリティのアーキテクチュアとは

アーキテクチュア（Architecture）という言葉は、建築の設計でよく使われる。情報システムの分野では「方式」または「方式設計」と訳されることも多いが、筆者は「全体体系」と考えている。企業の情報セキュリティにおけるアーキテクチュアはエンタープライズ・セキュリティ・アーキテクチュア（ＥＳＡ）という言葉で表現されることが多い。

ＥＳＡの捉え方は様々だが、情報技術に関する規格やポリシーなどを提唱するグローバルな非営利団体である The Open Group[注1] が２０１１年４月に公表した"Open Enterprise Security Architecture（Ｏ－ＥＳＡ）: A Framework and Template for Policy-Driven Security"の中ではＥＳＡは、次のように定義されている。

「組織が保有する情報の可用性、真正性、秘密性を保つための全体アーキテクチュアの一部となるものであり、ＩＴ資産を守るためのガバナンス、技術、オペレーションの全要素を含む（訳文は筆者によるもの）」。これを示すのが**図２－１**で、企業の事業戦略や外部の脅威環境を出発点として情報セキュリティの仕組みを作り上げることが包括的・体系的に示されている。アーキテクチュアと言うと得てしてセキュリティ実現のために採用する技術や製品の体系のように捉えら

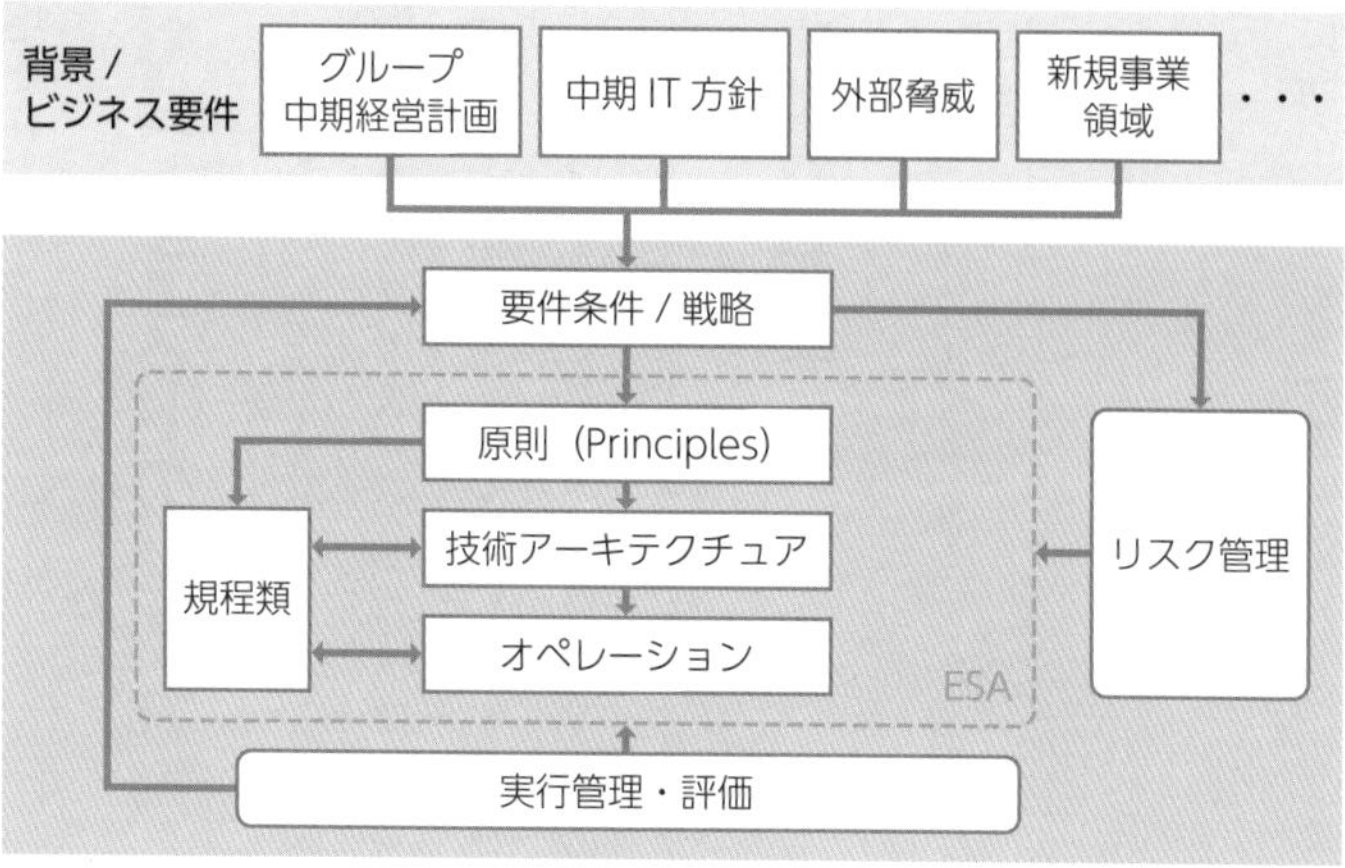

図 2-1　ESA の概要

れがちだが、技術だけではなく、ガバナンス、オペレーションも含めた包括的な体系としての全体像と言うことができる。

身近な例で言うと、多くの企業で伝統的に採用されてきた「境界防御型のセキュリティ」もセキュリティ・アーキテクチュアの一つである。そこでは、境界の内と外を分けて、外部は危険、内部は安全という思想でセキュリティが設計・実装・運用される。また、最近よく耳にする「ゼロトラスト型のセキュリティ」もセキュリティ・アーキテクチュアの一つである。そこでは、境界という概念がなく、従って外部・内部という概念もなく、情報資源に対するあらゆるアクセスリクエストについて、その都度信頼性を評価するという思想で、セキュリティの体系が設計・実装・運用される。

ゼロトラストの考え方

ちなみに、ゼロトラストという表現は「すべてを疑う」と受け取られがちだが、筆者は「情報資源へのアクセスリクエストに対して、許容してよいかどうかを継続的に評価するセキュリティ」と解釈している。継続的な評価を行うので、ある時点でOKとされたIDからのアクセスリクエストも、別のタイミングでは改めて妥当性を評価されることになる。IDとアクセスマネジメントがゼロトラストアーキテクチュアの基本である。

北極星が必要

「ノーススター（北極星）が必要だ」、これは2020年の春に開催した海外事業会社のCISOたちとのワークショップで参加者の一人が発した言葉である。彼によれば、自社のCEOに対して毎年セキュリティ予算を説明して承認を得ているが、セキュリティの向上で一体どこを目指しているのかが説明できないという。「めざすセキュリティの絵姿をグループ共通で持ち、それに向かって毎年投資・進化していくことが大事であり、CEOへの説明でもそれが求められる」

というのが彼の主張であり、「めざす絵姿」を「ノーススター（北極星）」に例えたわけである。

そして、「ノーススターを決めるには、アーキテクチュアから決めて行く必要がある」という意見が他の参加者から出された。確かに、その時点ではＮＴＴグループとして明確に規定されたセキュリティのアーキテクチュア（全体体系）は存在していなかった。一つ一つの情報システムを設計する際には当然セキュリティを考慮したアーキテクチュアになっている。しかしＮＴＴグループの中には数十万以上の情報システムがあり、いわば数十万のセキュリティ・アーキテクチュアが存在していたかも知れない。そのままでは、セキュリティを強化するといっても、何にいつまで取り組むかがまとまらず、次から次へと浮かび上がってくる課題の解決にもぐら叩きのように追われてしまう恐れもあった。こうして、ＮＴＴグループとしてのエンタープライズ・セキュリティ・アーキテクチュア（ＥＳＡ）を決めるプロジェクトが発足した。

エンタープライズ・セキュリティ・アーキテクチュア（ESA）体系

その後約1年をかけて、国内・海外の事業会社を巻き込んだ検討を経て、第一次アウトプットとしてのＥＳA体系を策定した。その内容は、ＥＳＡとセキュリティ参照アーキテクチュア（ＳＲＡ：Security Reference Architecture）から構成されている。

ＥＳＡはＮＴＴグループで情報システム開発を行う際に準じるべき基本ルールが定められた１００ページ強のドキュメントである。その中では大きく次の４つのステップを踏むことを示している。

- ステップ１：組織／ビジネスと技術の目的・目標、および評価対象ソリューションとの関連・影響など、**コンテキストを把握する**。
- ステップ２：**ソリューションのモデル化**により、ソリューションの情報アセット、システム、および相互接続（アセット、ノード、フロー）を把握・分類し、信頼ゾーンを特定する。
- ステップ３：**ソリューションのセキュリティ保護**を通じて、評価対象ソリューションへの脅威とリスクを識別し、リスク対処のための管理策の特定とパターン選択を行う。
- ステップ４：**最終的な設計と結果**により、ステップ２およ

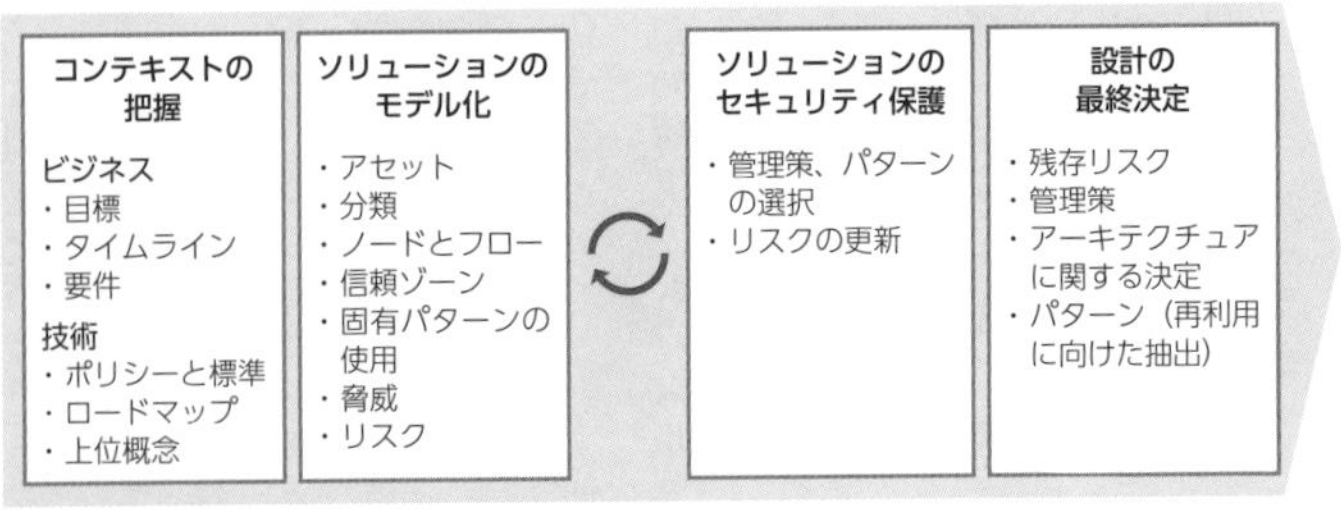

図 2-2　ESA プロセスの 4 段階

び3におけるすべての意思決定に基づいて、最終的なソリューション設計、管理策一式、リスクを文書化する。

なお、ステップ2と3は、ソリューションのリスク分析結果が許容範囲内になり、かつ機能／非機能に関する成果が関係者の期待と一致するまで繰り返すことになる。

ＥＳＡでは、リスクマネジメントについても触れている。日本企業ではリスクマネジメントと聞くとリスクを避けることと捉える風潮が強い。しかし、セキュリティの分野ではリスクを避けようとする努力は、結果として現場に過度な負担をかけてしまうことも多い。リスクを一律に避けるものとせずに正しく向き合うために、ＥＳＡでは「すべてのリスクを排除するには膨大なコストを要し、機能面でも破壊的な影響を及ぼす。このため実質的には非現実的または不可能である」と記した上で、次のように規定している。

「リスクマネジメントとは、リスクを特定、評価、把握、所有、追跡、監視、報告するための系統的・意図的で、管理された総合的な活動である。リスクに対処しまたは受け入れるために行われる活動であり、リスク再評価や対処計画更新は継続的に行われる。」

参照アーキテクチュア

ESAが一般的なセキュリティ・バイ・デザインのルール体系であるのに対し、セキュリティ参照アーキテクチュア（SRA）は、より具体的な特定技術を採用する場合の方法論を示すドキュメントである。現在のところNTTでは次の7つの参照アーキテクチュアを策定している。[注2]

- ゼロトラスト参照アーキテクチュア
- Microsoft365参照アーキテクチュア
- クラウド参照アーキテクチュア
- AWS[注3]参照アーキテクチュア
- GCP[注4]参照アーキテクチュア
- Azure[注5]参照アーキテクチュア
- 閉域ネットワーク参照アーキテクチュア

ちょうど新型コロナウイルスの感染が拡大し、NTTグループ全体でもリモートワークへのシフトが進んでいた。それに応じたITシステム、そして情報セキュリティの体系としてゼロトラスト型のセキュリティに着目し、ここでは採用している。また、活用技術としてマイクロソフト社のM365（Microsoft365）やAWSなどの主要クラウドサービスにも着目し、SRAのテーマとして上記を選定した。

セキュリティアーキテクトの任命

ESAと7つのSRAを作った後は、これを実装していく必要がある。また、新たなSRAが必要になってくることも考えられる。その任務を果たす社内のキーパーソン機関として、主要事業会社では「セキュリティアーキテクト」を任命した。その役割は、ESAやSRAなどに沿って各社のシステム構築が行われるようにすることと、その過程で浮かび上がる課題について、グループ共通の場に提起して、ESAやSRAを見直す、場合によっては追加のSRAを作ることにある。

リモートスタンダード

2022年6月、NTTグループは国内約3万人を対象に「リモートスタンダード制度」を導入することを発表した。オフィスの場所に依らない居住地選択を可能にする制度である。具体的には組織単位で「リモートスタンダード組織」かそうでないかを決め、「リモートスタンダード組織」に所属する社員は、勤務地は原則自宅となる。リモートワークが常態であり、オフィスに行くことは「出張扱い」となる。

こうした働き方の制度改革の裏には、高いセキュリティを持つITシステムが不可欠であり、事実、NTTグループでは通称「セキュアドPC」[注6]と呼ばれるITシステムの導入を進めている。このITシステムは、セキュリティ面ではESAやゼロトラスト参照アーキテクチュアに準拠するものとなっている。リモートスタンダード制度を支えるITシステムとそのセキュリティ確保において、ゼロトラスト型のセキュリティ・アーキテクチュアが重要な役割を果たしている。

パートナーとのロードマップ作り

セキュリティのアーキテクチュアは、一旦定めたら固定されるものではない。IT、セキュリティ技術、脅威環境、ビジネス環境、これらが変化し続ける中、セキュリティ・アーキテクチュアについても不断の見直しが必要となる。

自動車のヘッドライトに例えれば、ロービームとハイビームがあるように、セキュリティの進化にも足元の強化策と、長期視点での強化の見通しが必要である。セキュリティ・アーキテクチュアは、特に長期視点での強化策を示す上で有効な枠組みとなる。採用技術を長期的にどうシフト・移行させるか、それに伴って運用体制をどう変えていくか、そして人材のスキルはどうシフトしていくべきか、を包括的に指し示す羅針盤が必要である。そうしたロードマップを持つことで長期的視野にたったセキュリティ投資が行える。まさに「ノースター」の役割である。

ロードマップを作り上げる上では、テクノロジーパートナーとの継続的対話も望ましい。NTTでも採用製品の提供パートナーとは、お互いのロードマップを共有する努力を行っている。具体的にはCISOチーム同士のワークショップなどを定期的に開催し、長期の視点からの意思疎通、パートナーシップ作りに努めている。

第3章

脅威インテリジェンス

脅威インテリジェンスとは

脅威インテリジェンスはスレット・インテリジェンス（Threat Intelligence）とも言われる。攻撃手法が日進月歩で高度化し、新たな攻撃グループも続々と出現する中、外部の脅威環境を正しく把握・理解しておくことは極めて大切である。

前章「アーキテクチュア」の中で、自動車のヘッドライトのハイビームとロービームを例に、セキュリティにもハイビームとロービームが必要と書いたが、アーキテクチュアの示すロードマップがハイビームならば、脅威インテリジェンスはロービームと言えよう。

足元を照らすロービームがないと運転がおぼつかないように、外部の脅威環境を正しく把握することは非常に重要な役割を果たす。筆者はセキュリティを確保する上では、脅威インテリジェンスとそれに基づく的確なセキュリティ運用が一番大事、と言い切ってもよいと考えている。

脅威インテリジェンスと一口に言っても、大きくわけて2種類の視点がある（**図3－1**）。一つはマシンが理解できる情報フォーマットとなったもので、攻撃者の攻撃指令サーバ（コマンド・アンド・コントロール・サーバとも呼ばれる）や攻撃に使用するマルウェアをダウンロードさせるためのサーバ、詐欺に用いるフェイクサーバの所在など、広い意味でサイバー攻撃に用い

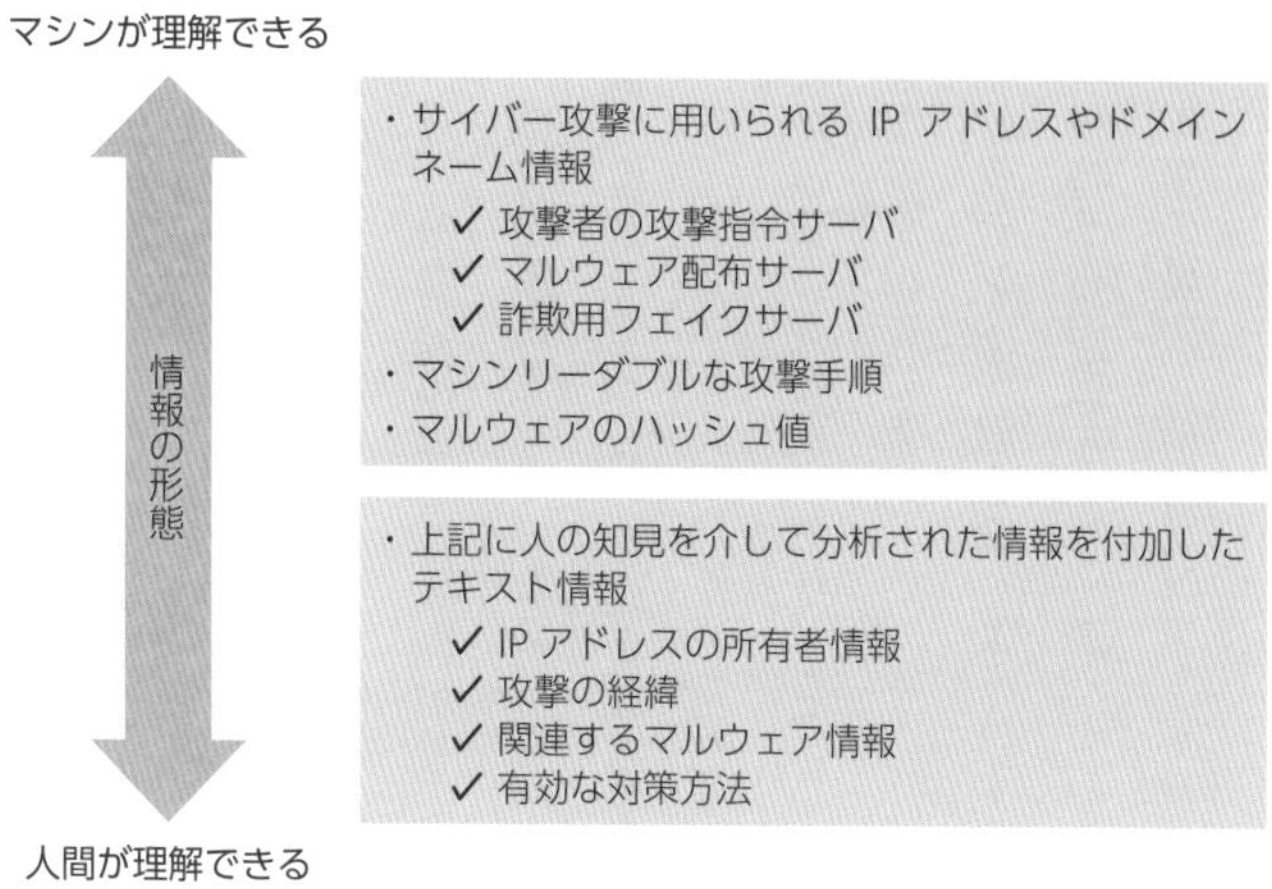

図 3-1　脅威インテリジェンス

られるＩＰアドレスやドメインネーム情報が挙げられる。攻撃は複数の手順を経て実行される場合が大半なので、この手順を示したものもマシンリーダブルであればこちらの範疇に入る。マルウェアそのものの到達をチェックするためのハッシュ値もこの範疇に含まれる。

もう一つは、人間が読んで理解できる文章や情報で、テキスト情報の形態である。マシンが理解できる情報はそれだけでは具体的な脅威の内容はわからない。そこに、人の知見を介して分析された情報（ＩＰアドレスの所有者情報、攻撃の経緯、関連するマルウェア情報、有効な対策方法など）を付加することで、その情報に紐づく脅威の特定や対処策の検討、さらには経営者判断や戦略的対応につなげることができる。

前者のマシンが理解できる脅威インテリジェンスは、攻撃を検知もしくは防御する設備やサービス類（ＩＰＳやＥＤＲなどネットワークアクセスレベルとサーバやＰＣレベルの挙動を監視制御するものなど多種）へ入力して、攻撃を無力化したり、あるいは攻撃の進展を検知して人間による対応の要否を判断する拠り所として使用される。

後者の人間が理解できる脅威インテリジェンスは、現在どのような攻撃手法が流行しているのか、万一の場合にどんな被害が考えられるのか、原因確認には何をチェックする必要があるのか、被害を拡大させないためにどんな対応が必要なのか、攻撃者はどういうツールを使い、どの組織、産業を狙っているのかなどをセキュリティチームが把握するための情報として使用される。万一サイバーインシデントが発生した場合に、被害を最小にとどめるためには、迅速かつ的確な対応を行う必要があり、こうした情報を把握しているのと全く知識がないのとでは、対応に大きな差が出てしまう。

インシデントが起きないようにするだけでなく、起きても大きな被害に到らないようにするため、平時からの備えをしっかりすることが、脅威インテリジェンスが果たす役割である。

ＮＴＴの場合、前者はＮＴＴグループへの攻撃を検知・防御しているＮＴＴセキュリティ社によるによる防御、ＳＯＣ（Security Operation Center）のアナリストの脅威検知と対応策策定、さらには各社での自社防御に用いている。後者は、各社のＣＳＩＲＴ（Computer Security Incident Response Team）はじめセキュリティ組織での対応のために重要である。

ＮＴＴの脅威インテリジェンス体制

ＮＴＴグループには海外も含めて約９００の会社がある。このうちの１社がサイバー攻撃を受けた場合、たまたまその１社が狙われただけかも知れないが、もしかすると、ＮＴＴグループ全体を狙った攻撃の可能性もある。後者の場合には、類似の攻撃が他のＮＴＴグループ会社にも向けられている可能性が高い。

こうした危機感を共有し、ＮＴＴグループでは脅威インテリジェンスをいち早くグループ内に共有する仕組みを作っている。共有される情報はＮＴＴに対して実際に起きた攻撃についての情報にとどまらない。外部から得た情報であっても、新しい攻撃手法や重大な脆弱性に関する情報の場合には、早急な対応が必要となるので迅速な共有を行っている。

具体的には、セキュリティ専業会社であるＮＴＴセキュリティ社とグループ代表ＣＳＩＲＴのＮＴＴ－ＣＥＲＴが、脅威インテリジェンス活動の中心を担う。主な事業会社はそれぞれＣＳＩＲＴを持ち独自の脅威インテリジェンス活動を行っているところもあるので、事業会社も含めた連携、情報共有を行うことで、グループとしての脅威情報収集能力を高めている。

なお、NTTセキュリティ社は、NTTグループへの対応はもとより、政府省庁、一般企業へのサイバーセキュリティサービスも提供している。したがって、NTTグループ以外への攻撃に関する脅威インテリジェンスの収集は、NTTグループへの対応にも役立てているし、その逆も実施している。

OSINT（オシント）活動

NTTがとる脅威情報の入手方法は、大きく3種類に大別される。

第一は、オープンソースからの入手である。オープンソースからの入手はOSINT（オシント、Open Source INTelligence の略）とも呼ばれる。情報としては公知になったものを集めるので、誰でも入手可能な情報であるが、丹念な調査と分析を行うことで自分たちなりに価値のある情報に昇華させることができる。

具体的には、NTT-CERTにはOSINTチームがあり、グローバルな公知情報の入手と分析を行っている。カバー範囲は、新規に発見された脆弱性や攻撃手法のような技術的な情報は勿論だが、そこにとどまらない。海外主要国のサイバーセキュリティ政策、法律的な動きなども含め多面的な情報収集と分析を行い、その結果をグループ内にフィードバックしている。また、ＮＴＴセキュリティ社のコンサルティングチームでは、顧客の要請に基づいて対象顧客・組織並びに産業に関連性の深い脅威情報の収集、分析、報告を実施していると共に、日本全体に関する共通的な攻撃の予兆や実行については広く無償にてレポートを開示している。

クローズドグループ

第二の方法は、クローズドグループからの入手である。クローズドグループからの入手は、さらに商用サービスからの入手と、提携・アライアンス先からの入手に分けられる。

商用サービスでは、米国、欧州、アジアの脅威情報提供会社から、「ダークウエブ」と呼ばれるブラックマーケットの動きなどの情報を入手している。具体的には攻撃者たちがよく使う掲示板に重要インフラへの攻撃を示唆するような書込みが行われたり、ＮＴＴ関連の情報を取り引きするかのような動きは脅威情報であり、商用サービス会社が察知して提供してくれる。

また、提携・アライアンス先からの入手としては、米国連邦政府が主導するジョイント・サイバー・ディフェンス・コラボレティヴ[注1]（ＪＣＤＣ：Joint Cyber Defense Collaborative）や、グローバル企業の集まりであるサイバー・スレット・アライアンス[注2]（ＣＴＡ：Cyber Threat

Alliance）などに加盟し、メンバーオンリーの情報共有を通じてユニークな脅威情報を入手している。加えて、個別の提携先企業との間でも、信頼関係に基づいた情報共有を行っている。

コラム　JCDCとCTAについて

ＪＣＤＣは２０２１年8月に米国連邦政府のサイバーセキュリティ・インフラセキュリティ庁（ＣＩＳＡ：Cybersecurity Infrastructure Security Agency）の主導で設立された。

設立の目的は、官民のオペレーショナルなセキュリティ協力の促進であり、具体的には①公開前の脅威情報を、インテリジェンス系政府機関や主要企業の間で早期に共有する、②想定される攻撃・脅威に対して、共同でシナリオを準備し対策を考案する、の２つとしている。

メンバーは民間企業としては、AT&T、Verizon、Lumen、Microsoft、Google、Cisco、Mandiant、Palo Alto Networks、などのいわゆる大手通信企業、メガテック企業、主

図 3-2　JCDC の公式サイト

要セキュリティ会社である。加えて米国政府のインテリジェンス関連省庁が名を連ね、米国にとっての友好国のサイバーセキュリティ関連省庁も参加している。

ＮＴＴは、「対外協力」（第10章）にも記す通り、過去10年近くにわたり米国連邦政府・関連機関との関係強化を進めてきており、そこで培った信頼関係を基に、２０２２年末に北米企業以外で初めてＪＣＤＣのメンバーとなった。

ＪＣＤＣが官民連携の脅威情報共有組織であるのに対し、サイバー・スレット・アライアンス（ＣＴＡ）

は民間企業有志の団体である。２０１７年に設立され、ＣＥＯは元ホワイトハウスのサイバーセキュリティ調整官のマイケル・ダニエル氏である。メンバーはPalo Alto Networks、Forttinet、Cisco、Checkpoint、Rapid7、NECなどの世界的に名だたるＩＴ、通信、セキュリティ企業が名を連ねており、ＮＴＴは設立直後の２０１８年に加盟し、現在も理事を輩出している。ＣＴＡの目的は産業界主導での脅威情報の共有であり、メンバー間では各企業が入手した脅威情報の共有・交換が行われている。

情報共有においてしばしば課題になるのは、自社では提供せずに他社からもらってばかりいる「ただ乗り」メンバーが出現することであるが、ＣＴＡではポイント制を導入することでこの問題を解決している。すなわち、メンバー会社には提供した情報に応じてポイントが付与される。そして、メンバー会社はそのポイントに応じて他社が提供した情報を得ることができる。このインセンティヴ制度によって、情報を提供しない会社は価値の低い情報しか得ることができず、逆に情報提供に積極的な企業には他社から価値の高い情報が提供されることになる。

モニタリング・検知

脅威情報入手の第三の方法は、NTT独自のモニタリング・検知である。NTTの事業のグローバル化に伴い、海外での認知度も高まりつつある。結果として世界中からサイバー攻撃の標的とされる可能性が高まっている。こうしたNTTへのサイバー攻撃状況は各事業会社やセキュリティ専業会社であるNTTセキュリティ社のセキュリティ・オペレーション・センター（SOC）でモニタリング、検知している。そこで得られる知見は他社にないユニークな脅威インテリジェンスとなる。

サイバー攻撃の技術が高度化する中、100％の防御はもはや不可能である。したがって、侵入を許してしまった場合でも、いかに早くにそれを検知して迅速な対応を行うかが大切である。このため、NTTでも研究所を中心に検知技術の向上に重点をおいて取組んでいる。

サイバー攻撃を受けて外部からの侵入を許すと、情報システムを構成するネットワーク機器やサーバ、端末などが普段とは異なるシグナルを発するようになる。こうしたシグナルを計測することでマルウエアなどに感染したことを検知することができる。

この場合に大切になるのは誤検知が少ないことである。誤検知には次の2種類がある。

（1）正しいシグナルを異常シグナルと判断してアラートを上げてしまう：フォールス・ポジティヴ

（2）異常シグナルを正常シグナルと判断して見逃してしまう：フォールス・ネガティヴ

前者の場合は〝ピーピーピーピー〟と立て続けにアラートが上がり、現場では無駄な確認作業が数多く発生してしまう。逆に後者の場合は攻撃者の侵入に気づかずに見逃してしまい、被害を拡大させてしまうことになる。

このような誤検知の発生の低減を図るため、ＮＴＴでは、検知アルゴリズムを洗練し、誤検知が低い高精度な検知の仕組みを開発・採用している。そこには、ＮＴＴセキュリティ社の研究開発陣が20年にわたり開発しブラッシュアップしてきた機械学習の独自技術や、ＮＴＴ研究所で研究している脅威インテリジェンス収集技術などが用いられている。

一つの顧客へ到来した未知の攻撃を検知した場合に、前述のマシンリーダブルな脅威インテリジェンスとして検知アルゴリズムや参照データを即時にアップデートし他社への攻撃検知へ役立てていると共に、顧客要望により攻撃サーバやマルウェアダウンロードサーバとの通信を予め遮断する設定を自動で実施することも実践している。

さらに重要な点は、「アルゴリズムによる検知だけでは十分ではないという」ということだ。

この考えに基づき、最終的には優秀な専門家が解析して、アラートの原因を分析・把握、その結果に基づいて対応の有無を判断している。この点は、医療の世界でＡＩを用いた診断が普及しても最終的な判断は優秀なメディカル・ドクターが行うという点に類似しているであろう。攻撃者の手法も日々進化しているが、脅威インテリジェンスは、この優秀なドクターへ最新医療動向と症例、対応手順を与えるものと同等と言える。

脅威インテリジェンスの活用

では、こうして入手・共有した脅威インテリジェンスはどのように生かされるのか。いくつかの例をご紹介したい。

一つは脆弱性対応である。社内の情報システムには多くのソフトウエアが使われている。そして、それらのソフトウエアに対して、脆弱性が脅威インテリジェンスの情報を通じて次々と発見・報告される。発見・報告された脆弱性には「パッチ」という補強用ソフトウエアがあわせて提供されることが通常であり、この補強ソフトウエアを社内の情報システムにインストールする活動が必要となる。

実際には、非常に多数の脆弱性が発見・報告されるので、その中で重大なものを選んで優先順位をつけて対応する。そのためには、対象となる情報システムの機能・役割についての知識も必要である。

第二に、セキュリティツールの高度化がある。日進月歩する攻撃技術・手法に対抗するため、防御側も対応を新たにしていく必要がある。前述した、サイバー攻撃に用いられるＩＰアドレスやドメインネームに関する脅威インテリジェンスからの情報を各種のセキュリティツールに反映することで、最新の脅威に対する防御線を張ることができる。さらに、ツール自体のアップグレードや新機能の追加も脅威インテリジェンスに応じて進めることが出来る。

第三に、一般社員に対する注意喚起・啓発にも活かすことができる。例えば、社員向けのＣＩＳＯレターの中で、最新の外部脅威環境を解説したり、万一の場合の対応を記載する際に、脅威インテリジェンスで得られた内容を反映している。また、昨今のサイバー攻撃の多くはフィッシング（引っ掛け）メールを起点としていることも多く、そういうメールへの注意喚起なども含まれる。

第四に、経営層による経営判断に活かされる。例えば、経営陣がリスクベースのマネジメントを実行する際には、企業活動全体を視野に入れて優先して対応すべき脅威シナリオを判断する必要がある。そのためには、経営陣が外部の最新の脅威環境・動向を正しく理解・認識していることとが不可欠である。また、海外でのサイバーセキュリティ分野での政策トレンドを把握しておくことは、今後わが国でとられる政策を先読みし、後手に回ることなく、先手を打ったセキュリティ対策を講じることにも役立つ。

最後に、外部の顧客向けサービスへの活用がある。NTTグループでは、外部の顧客企業や官公庁に対して、セキュリティサービスを提供している。そのセキュリティサービスが外部の脅威環境に的確にマッチしたものとなるよう、サービス内容の高度化に反映している。また、脅威インテリジェンスで得た情報自体の提供ニーズにも対応している。

第4章

研究開発

セキュリティ研究開発の中核、社会情報研究所

ＮＴＴ持株会社には14の研究所があり、複数の研究所でセキュリティに関する研究開発が進められているが、その中心となってセキュリティに軸足を置いた研究開発を行うのが社会情報研究所である。

ＮＴＴのセキュリティに関する研究開発の歴史は長く、１９８０年代前半にはすでに暗号技術の研究開発に取り組んでいた。以来、情報通信技術の進化、研究開発テーマの変化・多様化に伴って研究所が再編される中で名称なども変遷を経てきたが、現在は社会情報研究所がセキュリティ研究の中心的役割を担っている。その研究開発領域は幅広く、暗号基礎研究を土台として、サイバーセキュリティやデータセキュリティなどの応用分野のセキュリティ研究を行っている。また、技術的な側面からのアプローチだけではなく、プライバシー・倫理・法制度等、技術的側面に限らず学際的なセキュリティ研究にも取組んでいる。

多くの企業研究所でも自社の事業・技術領域におけるセキュリティ研究が行われているが、社会情報研究所のように２００人もの陣容でセキュリティを中心に据えて研究開発に取組む研究所は日本でも数少ないと思われる。

ネットワーク事業者ならではのセキュリティ技術

社会情報研究所では多様な研究開発を行っているが、中でもNTTらしい技術をここでは紹介したい。それは、ネットワーク上で怪しい挙動をする発信源・着信先を検知する技術である。

ネットワーク内の情報の流れを「トラフィック」と呼ぶ。道路上の人や車の流れを「トラフィック」と呼ぶのと同じである。人や車の流れを観測・分析すると交通の異常や渋滞などが分かるように、ネットワーク内の情報の流れを分析すると、普段と異なる発信・着信を行っているポイント（「IPアドレス」などと呼ばれる）が浮かび上がってくる。サイバー攻撃が実行される際も普段とは異なる発信・着信が発生する場合がある。攻撃者はネットワーク上にボットネットと呼ばれる基盤を構築し、DDoS攻撃やネットワークスキャンなどの多様な悪性活動を実施している。その際、悪意あるプログラムに利用されたネットワーク機器やサーバ、端末などは普段とは異なるシグナルを発するようになる。

社会情報研究所ではこの原理を活かして、サイバー攻撃の発信源となっているIPアドレスを推測する技術や、攻撃者の侵入やマルウエア感染を検知する技術をNTTセキュリティ社とコラボレーションしながら研究開発している。その成果は第3章「脅威インテリジェンス」で述べた

NTTセキュリティ社の検知技術に活かされ、NTTグループや顧客のセキュリティ防衛に活用されている。

暗号では世界断トツのNTT

特筆すべきは暗号技術である。暗号は情報の秘匿性・完全性・可用性を確保するセキュリティの根幹技術であり、地味ではあるがセキュリティ分野の基盤中の基盤である。そして、実はNTTは暗号の研究において世界断トツの強みを持っている。世界的な暗号の学会であるCrypto 2022（米国Santa Barbara, 2022年8月）で採択された発表論文数を見ると、採択論文99件のうちNTTから6件、後述のCIS Lab. からの採択を含めるとNTTグループで計23件（全体の23％）と世界トップである。いかにNTTが世界の暗号研究を牽引しているかが分かる。

社会情報研究所では、利用者も攻撃者も量子計算機を持たないケースである現代暗号、攻撃者が量子計算機を持つケースに対抗する耐量子計算機暗号、利用者も攻撃者も量子計算機を持つような来たる量子時代を見据えた暗号という、大きく3つのフェーズに応じた暗号技術の研究を行っている。1点目の現代暗号の研究では、例えば復号の条件を細かく設定できる属性ベース暗号のような高機能暗号の研究を行っている。２点目の耐量子計算機暗号の研究では、例えば量子計算機で解かれてしまう素因数分解や離散対数問題を用いない鍵交換や電子署名方式の研究を行っている。３点目の量子時代を見据えた暗号の研究では、量子特有の物理的性質を応用し、例えば秘密鍵を消去したことを証明可能な暗号方式といった、これまでにない特性を持つ暗号技術の研究を行っている。どの研究も世界最先端の取り組みとして認知されている。

社会情報研究所の暗号研究チームは東京の武蔵野市にあるが、その顔ぶれは国際色も豊かである。例えば、欧州、米国、アジアなど世界中の研究者をインターンやポスドクなどで受け入れており、そのまま研究所の所員となり研究を続けている者もいる。このグローバル色を一層強め世界的なセンター・オブ・エクセレンスを作るべく、２０１８年には米国シリコンバレーにCryptography & Information Security Laboratories（ＣＩＳ Ｌａｂ.）を設置した。ＣＩＳ Ｌａｂ.では米国、ドイツ、イスラエルなど世界各国出身の暗号研究者が最先端の研究に取組んでいる。そしてＣＩＳ Ｌａｂ.と社会情報研究所の暗号研究チームは人的にシームレスにつながり、両者が一体となってワールドクラスのセンター・オブ・エクセレンスを構成している。

コラム　**量子暗号について**

最近、「量子暗号」という言葉を耳にすることが増えてきた。実は、「量子暗号」という言葉は、異なる二種類の暗号を意味する場合がある。ここで簡単に説明しよう。

一つは、量子技術を用いた暗号である。量子の持つ物理的な特性を利用することで、原理的に盗聴が不可能な安全な鍵交換やコピー不可能なプログラム、秘密鍵を消去したことを証明可能な暗号方式など、これまでにない特性をもつ暗号応用プロトコルが実現可能となる。

もう一つは、量子コンピュータでも破られないような暗号である。耐量子計算機暗号と呼ばれるもので、その数学的なベースとして格子問題を利用するもの、多変数多項式を利用するものなど種々の方式が提案されており、標準化の活動も進められている。

ＩＯＷＮ（アイオン）時代を見据えた技術も

ＮＴＴでは光電融合技術を核としたＩＯＷＮ構想にグループを挙げて取組んでいる。ＩＯＷＮはこれまでの電子技術を光技術に置き換えることで、情報産業・通信産業界にゲームチェンジを引き起こす可能性を秘めた革新的な取組みである。このような技術革新を起こす場合には、同時にセキュリティ分野においても新たな脅威への対策に取り組む必要がある。そのため、セキュリティ分野においてもＩＯＷＮ時代をにらみ、未来志向でゲームチェンジの可能性を秘めた技術の研究開発に取組んでいる。

ソフトウエアのサプライチェーンを透明に

今日、世の中で使われるソフトウエアはゼロから作り上げられるものは少なく、既に作られたソフトウエア部品の組合せで成り立っているものがほとんどである。したがって、あるソフトウエアの信頼性を確認するには、そのソフトウエアがどんな部品の組合せで作られているかと、一つ一つの部品が安全であるか、両面からの確認が必要となる。

こうしたソフトウエアの部品レベルの構成を可視化し、安全性を確認することに役立つ技術に

Software Bill Of Materials：ＳＢＯＭ（「エスボム」と読む）と呼ばれるものがある。Bill Of Materials は「部品表」と訳され、組立て加工型の製造業などで、ある製品がどの部品で組みあがっているかを示す。この「部品表」の考えをソフトウエアに適用するのがＳＢＯＭであり、ソフトウエア部品表とも訳される。

社会情報研究所ではＳＢＯＭを活用した「セキュリティトランスペアレンシー確保技術（ＳＴＴ：Security Transparency assurance Technology）」の研究開発を進めている。現在基礎的な研究はすでに終了、今後は幅広い国内外企業と共同で実用化を進めるためのオープン・コンソーシアム作りを進めていく予定である。

この研究開発はＮＥＣ（日本電気株式会社）との共同で5G、ローカル5G、ＩＯＷＮ等の情報通信インフラを構成する通信機器およびシステムを構成するソフトウエアを対象としてスタートした。５Ｇなどの普及に伴い、ありとあらゆるものがつながる時代が到来しつつある中、世界的にも通信機器のセキュリティ向上への期待と関心が高まっている。情報通信インフラを支える通信機器およびシステムの構成やリスクをサプライチェーン全体で共有し、セキュリティに関する透明性を確保することによってサプライチェーンセキュリティリスクの抜本的な低減を図ることが重要である。そうした状況下、通信機器の製造者（ＮＥＣ）と通信事業者（ＮＴＴ）が協力して通信機器およびシステムを構成するソフトウエアのセキュリティ検証技術を開発することは、今後の世界的なサイバーセキュリティ向上に向けて非常に重要な意義がある。

人間の脆弱性への対応

「人間が最弱のセキュリティホール」、これもセキュリティ分野ではよく言われる言葉である。技術的に高度な防衛策をとっても、情報システムの取扱いに人間が関与する以上、人間の弱みをついたサイバー攻撃を受けるとそこから侵入を許してしまうことを表現している。社会情報研究所では人間の心理に焦点を当てた調査研究をもとに、ユーザのセキュリティ・プライバシーに関する認識や行動を解明する研究に取り組んでいる。これにより、ユーザの認識を助け、より安全な行動の判断ができることを目指している。

みなさんの身近なところで活用可能な技術として、フィッシング対策を紹介したい。読者の中には、スマートフォンや自宅のパソコンに宅配業者やECサイトを騙ったメールやショートメッセージなどを受け取った経験のある方が多いのではないだろうか。メッセージに記されたURLをクリックすると偽のウエブサイトにつながり、クレジットカード番号やID、パスワードなどの入力を促される。指示通りにするとクレジットカード番号などをだまし取られてしまう。こうした詐欺は「フィッシング」と呼ばれる。社会情報研究所では、騙される人のブラウザ操作を模して、Ｗｅｂページを自動で巡回・収集し、画像や言語、到達経路の特徴量から、フィッシングサイトを高精度かつ迅速に検出する技術や、複数のソーシャルメディア上で展開されるフィッシングサイトへの誘導を図るコンテンツを迅速に特定する技術の研究開発を行っている。

研究から成果活用までが一日未満のことも

ここまで、社会情報研究所での主な研究開発をご紹介してきたが、セキュリティの研究開発が持つ特徴についても触れておきたい。第一に、研究から実用化までの期間が非常に短いものから非常に長いものまでが混在している点が挙げられる。通常、技術の研究から開発、実用化までには何年もの期間がかかることが多いが、セキュリティではそうした悠長なことを言っていられない場合がある。例えば、マルウエア研究で新種のマルウエアを発見した場合、その新種マルウエアは今すぐにサイバー攻撃に使われてしまうかもしれない。一刻を争ってセキュリティ機器に、侵入を防ぎ、侵入されても検知できる機能を組み込む必要がある。研究から実用化までは時間単位、日単位で進めることとなる。

一方、暗号分野では非常に長期な視点に立って研究を行う。研究から実用化まで十年以上かかることは珍しいことではない。このように先を睨んだ足の長い研究もセキュリティ分野には存在する。

セキュリティ・バリュー・チェーンの全体を支える

第二に、成果の貢献先が幅広い点が挙げられる。研究開発という言葉に象徴されるように、通常、研究活動の成果は、何らかの製品やサービスの開発に活かされる。

しかし、セキュリティ分野では、研究の成果は製品・サービスの開発以外にも幅広く貢献しうる。例えば、前述したソフトウエア部品表の技術はNTTが提供するITサービス・通信サービスそのもののセキュリティレベルを向上させることに役立てることができる。

また、脅威インテリジェンスの研究成果は、そのまま直接に顧客のサイバーセキュリティ向上に役立てることができる。さらには、世の中のセキュリティ意識向上のための積極的な情報発信も、最先端の研究を行っている研究所だからこその貢献領域である。

このように、幅広い貢献の出口があること、いわばセキュリティ・バリュー・チェーン全体に貢献できる、これが第二の特徴である。

セキュリティ人材の育成・キャリアパスに貢献

幅広い貢献可能性があることが、第三の特徴である人材育成への貢献につながっていく。研究成果の貢献先がバリューチェーン全体にあるということは、研究者が活躍できる場が至る所にあるということに他ならない。事実、ＮＴＴではセキュリティ分野の研究者が事業会社に一時的に籍を置いて実ビジネスに携わることが非常に多い。また逆に、事業会社の社員が研究所で脅威情報の分析に携わることや、インシデント対応技術を高める機会も多い。

この結果、ＮＴＴでは研究所と事業会社の人材交流は非常に盛んであり、研究者にとって事業会社での経験が、事業会社の社員にとっては研究所勤務が、キャリアパスの一部として有効に機能してセキュリティ人材の育成に大きく貢献している。

事実、ＮＴＴグループの中で活躍するセキュリティ人材の中には、研究所出身者が数多くいる。例えば、第8章「人材育成と社内コミュニケーション」で紹介する上級人材がトータルで約90人いるが、そのうち、研究所出身者は約20人を占めている。また、事業会社でのキャリアをメインとしている者の中にも、一時的に研究所に籍を置いて研究者達と同じ釜の飯を食う経験をした者が多い。このように、研究所がＮＴＴグループのセキュリティ人材の採用、育成、研鑽の場として果たす役割は非常に大きい。

第5章

レッドチーム

レッドチームとは

「レッドチーム（Red Team）」注1とは、外部の攻撃者の視点に立って疑似的なサイバー攻撃を行うチームである。サイバーセキュリティにおける攻撃と防御の関係はいたちごっこのようなところがあり、どんなに防御をしても次々と新しい攻撃手法が編み出されてしまう。また、攻める方は何度でも様々な攻撃を仕掛けてそのうち1回成功すればよいが、守る方はすべてを守り切らなければならず、攻撃者優位の構図にある。こうした状況に対応するため、「それなら内部に疑似的攻撃チームを持って、攻撃者目線で対応策を練ろう」という発想に立って作られたのがレッドチームである。その目的はあくまで防御力の向上であり、したがって活動も疑似攻撃を行ったらお終いではない。疑似攻撃の後に、対象となったシステムの脆弱性や組織としての課題を分析・整理して報告し、改善のアドバイスまで提供すること、場合によっては改善の実行支援まで行う、それがレッドチームの活動内容である。

ＮＴＴのレッドチーム―Team V

欧米では多くの企業がレッドチームを持っているが、日本企業でレッドチームを持つ企業はまだ少ないと思われる。ＮＴＴのレッドチームは２０１９年春に創設され約４年の歴史がある。「Team V」と称し、「V」は検証を意味する〝Ｖｅｒｉｆｉｃａｔｉｏｎ〟からとっている。メンバーは２０２２年10月時点で専従が３名、研究所や事業会社との兼務が13名、合計で16名の陣容である（兼務者が多い理由は後述する）。

なお、海外事業会社に対する疑似攻撃を担うインターナショナルTeam Vもあり、上記の国内のTeam Vとノウハウを共有している。インターナショナルTeam Vのメンバーは5名、海外拠点で活動を行っている。

ミッション

２０１９年春のTeam V設立時に設立企画書が作成された。その中では、Team Vのミッションは次の二つに定義されている。

①ＮＴＴグループ各会社に対して、コントロール下においたサイバー攻撃を行い、攻撃の証跡を示すことにより、ＮＴＴグループのサイバーセキュリティの取組み全体を向上させる。また、効果の乏しいセキュリティ施策の廃止、改善提案も行う。

- 攻撃の証跡により、既存のセキュリティの取組みの有効性を検証するとともに、万一の事態のインパクトを経営幹部に示し、改善提案を行う。

- 効果が乏しく、利用者への負担を強いるだけで効果が明確でないと思われるセキュリティ施策について、その有効性を代替案とともに検証する。

②NTTグループを攻める・守る技術の蓄積・継承と人材育成にも貢献する。また、活動を通じてグループにおける憧れの存在になる。

一番目のミッションの前半は通常のレッドチームのミッションであるが、後半の「効果が乏しく、利用者への負担を強いるだけで効果が明確でないと思われるセキュリティ施策について、その有効性を代替案とともに検証する」はユニークなミッションと言える。これを追加したのは、非効率なセキュリティ施策は抜け穴作りや形骸化につながり、かえってセキュリティを弱めてしまう、と考えたためである。

二番目のミッション、特に「活動を通じてグループにおける憧れの存在になる」もユニークだ。背景には、セキュリティ人材に社内でスポットライトを当てたいという組織的な願いをこめている。

活動のステップ

Team Ｖの活動は大きく次の４つのステップで進められる。

ステップ１：ターゲットの選定

本来、レッドチーム活動において、検証対象の選定と攻撃の設計はＣＩＳＯの了解のもとでレッドチームが自由に行う。しかし、ＮＴＴでは提供しているサービスの社会的重要性を考慮し、慎重なアプローチをとっている。

具体的には、グループＣＩＳＯが対象となる事業会社のＣＩＳＯと事前相談を行って対象システムを決定する。また、検証対象システムの責任組織は窓口担当者をアサインし、Team Ｖと窓口担当者との間で可能な範囲で相談して、攻撃の設計を行う。これにより不測のサービス停止などを起こさないように努めている。

ただし、こうした事前協力は厳重な情報管理のもとで行われ、対象システムや攻撃手法を知りうるメンバーは極めて少数に限定されている。つまり、一般の社員は何も知らされずにTeam Ｖによる疑似攻撃を経験することになる。

ステップ2：偵察と攻撃シナリオ作り

次に、攻撃シナリオを具体的に設計するため、ターゲットのシステムに対して偵察を行う。外部の攻撃者のように、インターネット側から脆弱性を探索したり、マルウエア感染や内部不正を想定して、社内からデータ持ち出しの可否などを徹底的に調査する。この活動は実際のAPT[注2]攻撃と同じように、数週間～数か月をかけて行う。また、ターゲットの運用監視担当者に検知されないよう、細心の注意を払って偵察する。検知の目をかいくぐるためには、攻める側にも守る側の視点が必要となる。

その後、偵察で発見した複数の脆弱性、運用上の問題点などを組み合わせて、攻撃シナリオを作成する。単体では深刻度が低い脆弱性であっても、組み合わせ方によっては、深刻度が高い攻撃に変化することがある。このように、Team Vメンバーには「悪用」のセンスも求められる。

なお、偵察の過程で、市販製品の脆弱性を発見した場合、IPA[注3]やベンダに報告し、CVE[注4]を取得することもある。

ステップ3：攻撃のローンチと停止

グループCISOによる攻撃プランの承認を受けて、攻撃をローンチ（開始）する。グループCISOは被検証会社のCISOに、攻撃があること、及びその発生期間を伝える。発生期間を伝えるのは、疑似攻撃を受けた現場スタッフから「サイバー攻撃を受けました」という報告があった場合に、それがTeam Vの疑似攻撃によるものなのか、それとも本当のサイバー攻撃なのかの判断をつけやすくするためである。

疑似攻撃を仕掛ける際は、偵察と同じく、運用監視担当者に検知されないよう細心の注意を払う。万が一、検知されても、検知後のネットワーク遮断やエスカレーションが適切に行われるかどうかを検証する場合は、適切な対応が行われるまで、疑似攻撃を続行する。この間は運用監視担当者とTeam Vの攻防戦となる。

疑似攻撃は、検証の目的を達成するに十分な証跡が得られた時点で停止する。このため、疑似攻撃で検証することは何なのか、その目的をあらかじめ明確に決めておくことが非常に重要である。この検証の目的はステップ1の「攻撃の設計」において決めておく。

ステップ4：攻撃後の報告

疑似攻撃終了後、検証対象側との間で疑似攻撃期間中のタイムラインに沿って振り返りミーティングを持つ。ここで初めて検証対象側は疑似攻撃の全容を知らされることになる。振返り活動の対象は、技術的な部分にとどまらない。システムの異常を検知したり、一部の現場から報告があった時に、タイムリーな対応ができたのか、意思決定者に連絡が取れなかった場合の代替策はとれたのか、などの組織的な対応力も検証の対象になる。

振返りの結果は報告書にまとめられ、グループＣＩＳＯと被検証会社のＣＩＳＯに報告される。報告書には、疑似攻撃の中で発見された脆弱性や組織的な課題だけでなく、対策案が盛り込まれており、被検証会社のＣＩＳＯは、提言を受けて対策を実施する。また、改善すべき課題だけでなく、良かった点（攻撃者目線で言えば、攻めにくかった点）も指摘することがある。

さらに、報告の中には被検証会社だけでなく、他のＮＴＴグループ会社にも役立つ内容が含まれることがある。この場合、当該部分は他のＮＴＴグループ会社にも情報共有されて各社において対策がとられることになる。また、良かった点についても、ベストプラクティスとして各社に共有することがある。

人材──求められる資質

レッドチームのメンバーには、まず何よりも高度な技術的知識とスキルが求められる。サイバーセキュリティは「総合格闘技」と言われるように、ネットワークからソフトウエアまで非常に幅広い知識領域をカバーしており、一人ですべてにおいて高度かつ最新の知識・スキルを身につけている人はまずいない。このため、マルウエア、ウエブアプリ、モバイルネットワークなど、特定の領域において高度な技術的知識とスキルをもつ人材を組み合わせることで、チーム全体で幅広い領域でのスキルを網羅している。

求められる知識・スキルは技術的なものだけではない。レッドチームは攻撃者の目線に立って疑似攻撃を仕掛けるので、ターゲットに対する理解をビジネス面も含め有している必要がある。具体的には、ＮＴＴという企業体を攻撃対象とした時に、何が重要な資産なのか、ビジネス面でクリティカルなものは何か、といったビジネス的な知識もある程度のレベルが必要となる。

さらに、こうした知識やスキル以上に重要な資質がある。それは高度なインテグリティ（誠実さ）と倫理感である。レッドチームの一員になるということは、ＮＴＴという会社のサイバーセキュリティ面で最もセンシティヴな領域にタッチして知見を得ることを意味する。そうした人材には、テクニカルなスキル以上に、極めて高度な倫理性が求められる。すなわち、自らの高度なスキルをNTTグループのサイバーセキュリティ向上に活かしたいという責任感と自負心が求められる。

最後に、「Team V のミッションの2点目にあった「活動を通じてグループにおける憧れの存在になる」を果たすためには、NTTのサイバーセキュリティ人材のロールモデルとなる心構え・意欲が重要となる。

人材リクルーティング

では、このような人材をどうやって見つけてくるのか？ NTTが行っているのは、外部からの中途採用と内部任用である。

中途採用活動は継続的に行っており、Team V のメンバーの人脈や、外部の人材サーチ会社の力も借りながら私たちが求めるプロファイルにマッチした方々の採用を進めている。

内部任用の難しさは、仮に求められるプロファイルにマッチした人材がいても、当人は、現在の部署で大活躍、引っ張りだこの状態にあるため現在の所属部署が手放してくれないことである。これを乗り越えるため、「兼務」という形をとっている。すなわち、本務として現在の所属部署の仕事に携わりつつ、副務としてTeam Vメンバーとしてレッドチーム活動を行う、そうした仕組みである。

この「兼務型」をとることで、本人にとっては他の高スキル者と一緒に働く機会を得ることができ、それが成長の機会となる。また、現在の所属部署にとっては、本人が副務でTeam V活動に参加すれば攻撃者の目線を身につけてくれるので、本務でのセキュリティ活動に役立てることができる。さらに最新の知識やスキルを身につけてくれるので仕事の質も高まる。そしてTeam VにとってもチームメンバーのダイバーシティFを確保することができる。将来的には、「兼務型」メンバーが自分の所属する会社や部署の中で増えていき、そのようなメンバーで構成される新たなレッドチームが立ち上がることに繋がっていけば、と筆者は考えている。

なお、中途採用であっても内部任用であっても、処遇においての配慮は欠かせない。ここでいう「処遇」とは金銭的報酬だけではなく、業務遂行の環境全体を指している。無駄な仕事はやらせない、勤務スタイルの自由度を認める、など社内服務規程の許す範囲においてできる限り働きやすい環境を提供することが重要となる。

情報発信

Team Vの活動はその性格上、極秘裏に進められる。検証対象、検証内容、検証結果、対処策のいずれも秘匿性の高い情報であり、限られた人たちにしか知らされない。その意味でTeam Vはいわば「隠れたヒーロー・ヒロイン」である。

その一方で、活動の中で得られる知識、とりわけ技術的知見には極めて先進的なものが含まれており、Team Vメンバー以外のNTT社員に共有することで全社的なスキルベースの底上げに貢献できる。とは言え、前述の通り、その活動は極秘裏に進められるため、情報交換も容易ではない。そこで、数か月に一度、NTTグループ内でレッドチーム、ないしはそれに近い業務に携わっている社員を対象としてセミクローズ型での情報共有「NTTグループ・レッドチーム・サミット」を開いている。参加メンバーはTeam Vメンバーの口コミで集まった有志であり、新型コロナウイルスへの感染防止のためにほぼすべての社内会議がオンラインで開かれた時期にも、この情報共有会は感染対策のもと、フェース・ツー・フェースで開催し、情報管理に万全を期した。

なお、こうしたレッドチームサミットには国境や所属組織を越えたものも存在する。NTTグループはそうしたところにもメンバーを派遣し、情報発信並びに切磋琢磨を実施している。

リスクマネジメント

本章の最後に、リスクマネジメントにも触れておきたい。レッドチーム活動を効果的に行うためには、できる限り真の外部攻撃者に近い攻撃をとることが望ましい。その一方、疑似的とはいえＮＴＴが提供する社会的に重要なサービスに対してサイバー攻撃を行うことには様々なリスクもつきまとう。このため、法務部門の参加も得て法的リスク、ビジネスリスク面での管理を的確に行いながら進めることが求められる。

ＮＴＴの場合には持株会社の Team V が、同じグループとは言え、別法人である事業会社に対して疑似攻撃を仕掛けることになるので、万一被害・損害が起きてしまった場合の対処も含め、法的な整理を明確にしておく必要がある。考慮している主なリスク事項は、プライバシー保護、不正アクセス禁止法、万一のサービス停止が惹き起こされた場合の顧客への損害、などである。

攻撃の設計段階で、これらのリスクを十分に吟味し、場合によってはリスク評価の結果、攻撃の内容を修正・変更することもある。こうした法務関係部門からの緊密な協力を得て万全のリスクマネジメント体制を敷くことで、Team V 活動への社内的な信頼を高める努力を続けている。

第6章

バグ・バウンティ・プログラム

バグ・バウンティとは

バグ・バウンティとは、情報システムに潜むセキュリティの穴を見つけてくれた人に支払う報奨金のことを言う。「バグ」とは、元々コンピュータシステムやソフトウエアの分野で「瑕疵」や「間違い」を表現する言葉である。そうした「瑕疵」や「間違い」は外部攻撃者からの侵入ルートとして活用されることも多いため、情報セキュリティを確保する上では、いち早く発見して修正することが大切である。

万一、未発見の侵入ルートを先んじて外部からの攻撃者に発見されてしまうと、そこから情報システムへの侵入を許してしまう。そこで、バグを発見してくれた人に報奨金（バウンティ：Bounty）を支払うことで、サイバー防衛力を高めようとするのが、バグ・バウンティ・プログラムである。

コラム　世界初のコンピュータバグの発見

バグ（bug）とは、蚊や蠅、蛾などの小さな虫を意味する英語である。古くから機械装置の瑕疵や欠陥をバグと呼ぶことはあったとは聞いている。なぜ、機械装置の瑕疵を「虫」と呼ぶようになったか筆者は知らないが、ここではコンピュータシステムで初めてのバグ発見と言われるエピソードを紹介したい。

１９４７年９月９日、米国ハーバード大学のコンピュータサイエンスのチームはMark Ⅱというコンピュータを使って実験を行っていた。Mark Ⅱが同じ演算ミスを繰り返すことを不思議に思ったチームメンバーが筐体《きょうたい》を空けてみたところ、なんとそこには本物の蛾が入り込んでいたのである。蛾の身体が電気系統に悪さをして、演算ミスを起こさせていたようだ。同チームの実験ノートの９月９日のページには、15時45分としてチームメンバーによる〝First actual case of being bug found〟（実際にバグが発見された最初の事例）との記載が残されている。

（出典：World's First Computer Bug (nationalgeographic.org)）

NTTのバグ・バウンティ・プログラム

NTTでは、2022年にバグ・バウンティ・プログラムのパイロット版（試験的な運用のこと。以降「パイロット」と表記）を行い、2023年から本格的に開始した。通常、バグ・バウンティ・プログラムは情報システムのセキュリティ向上を目的とするが、NTTのプログラムが特徴的なのは、セキュリティ人材の育成もプログラムの目的に位置付けている点であろう。事実、バグ・バウンティ・プログラムの社内説明会資料には、その目的として次の2点が明記されている。

- 悪意ある第三者に脆弱性を悪用される前に発見・対処することで、NTTグループのセキュリティレベル向上をめざす。
- 参加する社員に攻撃者目線でのセキュリティスキルを研鑽する場を提供することで、セキュリティ人材の育成を図る。

つまり、「バグ探し」を通じて社員がセキュリティスキルを向上させる、そうした場の提供も狙っているのがこのプログラムの特徴である。

人材発掘・育成の効果をパイロット版で確認

２０２２年のパイロットは対象とする情報システムを２つ選び、約４か月に亘って実施した。当初から本格実施とせずにパイロットを行ったのは、果たしてどの程度のスキルを持った社員が何人参加してくれるのか見当がつかなかったためである。

プログラムの事務局を務めるセキュリティ・アンド・トラスト室では、社員の中には実業務はセキュリティがメインではないものの、セキュリティに興味を持っていたり、あるいは自分の腕に覚えがある人材が数多くいるのではないか、という仮説があった。そして、バグ・バウンティ・プログラムを開くと、そうした潜在的セキュリティ人材が参加してくれて、結果として人材の育成や発掘につながるのではないか、という期待があった。

しかし、そうした期待が現実になるかどうかはわからない。そこで、社員の興味レベルを確かめるためにもまずパイロットを行うことにした。

結果は想定以上であった。約90人の社員がパイロットに参加してくれたが、事後に行ったアンケートによれば、セキュリティ関係の業務に携わっていない者が３分の１もいたのである。また、セキュリティ業務未経験と答えた者も40％以上いた。さらに、参加の動機で一番多かったのが、「自分のスキルレベルを確認したり向上させたいため」で、30％がそのように答えたのである。

最高賞金獲得者はセキュリティ部門以外から

このように、パイロットを通じて、セキュリティ業務に携わっていなくても、セキュリティに興味があって、その腕を活かしたい、あるいはスキルを向上させたいと考えている社員が相当数いることが明らかになった。そして、バグ・バウンティ・プログラムが、会社のセキュリティ向上に貢献するだけでなく、潜在的なセキュリティ人材を発見し、さらには腕を磨く効果もある、いわば一石三鳥の効果があることが明らかになった。ちなみに、パイロットでの最高賞金獲得者は、情報セキュリティ部門に勤めていないネットワークエンジニアである。

社員全員に参加資格

こうした発見を受けて、本格的な制度の設計に着手し、２０２３年から開始した制度は次の通りになる。

まず、プログラムにはＮＴＴグループの社員であれば、誰でも参加できる。ＮＴＴグループに勤める社員の力を最大限に発揮して情報セキュリティを守る、また、あわせてセキュリティに興味のある人材を育成・発掘するという目的に照らし、全社員が参加可能という制度としている。

プログラム参加は「副業」

次に、プログラムに参加してバグ探しを行うことは、参加者にとっての本来業務ではないので「副業」と位置付けた。参加者は所属組織の了解を得ることで「副業」としてプログラムに参加することが出来る。「副業」なので、バグ探しは正規の業務時間外に行うこととなる。通常の副業活動と同様に、副業時間が深夜に及ぶなどの結果、本来業務に支障をきたしてはならないので、そうした管理は上長が行うことになる。そして、獲得した報奨金は副業で得た収入と位置付けられる。

対象システム

バグ探しの対象となる情報システムは、その情報システムの管理責任を持つ組織、いわゆる「システム主管組織」が自ら名乗りを上げる。この名乗りを上げた情報システムを対象にして、参加者がバグ探しをすることになる。

情報システムの管理組織にとってみれば、自分が責任を持つ情報システムが持つバグを探されるのはありがた迷惑な面もある。しかし、外部攻撃者は遠慮なく攻撃を仕掛けてくるわけであり、身内である社員にバグを探してもらえることは有難いことである。外部の攻撃者に発見されてサイバー攻撃に使われる前にNTT社員に発見して報告してもらえばサイバー攻撃を未然に防ぐことができる。

とりわけ、会社のホームページ、広報サイト、注文受付システムなどは不特定多数からのアクセスを前提としてインターネットに公開しているので、攻撃者から狙われやすくバグ・バウンティ・プログラムに適していると言えよう。中でも、更新頻度が多いシステムはその分、新たなバグが生まれやすいので、バグ・バウンティ・プログラムにより適していると言える。

リスクマネジメント

「第5章　レッドチーム」でも触れたが、バグ・バウンティ・プログラムにおいてもリスクマネジメントを忘れてはならない。バグ探しをしているつもりが、バグを見つけるだけでなくシステムトラブルまで惹き起こさないように、バグ探しに当たってのルールを定めておくことが必要である。

プログラムでは、参加者がそのルールを守ってバグ探しをしていることを確認するため、対象システムへのアクセスに際しては、決められた「踏み台サーバー」を経てアクセスすることを義務付けている。「踏み台サーバー」に残されたアクセスログを確認することで、参加者がルールを守っているかどうかを確認することができる。

事務局の役割

プログラムの運営には事務局が大切な役割を果たす。例えば、前述したリスク管理のためのプログラム参加ルールの設定や、参加者がルール通りのバグ探しをしているかの確認はその一つである。

また、参加者はバグを発見するとそれを申告することになるが、それが確かにバグかどうかを確認することも事務局の重要な業務になる。また、そのバグの深刻度に応じて報奨金を決定するので、深刻度の判定作業も必要となる。さらには、複数の参加者が同じバグを発見することもあるので、どちらの参加者が先に発見したかの判定も場合によって必要になる。このように、プログラムを円滑に運営する上で事務局の役割は極めて大きい。

今後の展開

事務局の役割として紹介した諸点はプログラム運営のノウハウとも言え、試行錯誤を積み重ねることで少しずつ作り上げてきたものである。本格プログラムは２０２３年から始まったばかりなので、継続的に洗練度を高めていく、いわば「制度のバグ出し」を続けていくことになると覚悟している。

本プログラムの今後の発展可能性について触れると、現在のプログラムが国内の情報システムを対象とし、参加者も国内のＮＴＴグループ社員であるのに対し、海外にも拡大させていくことが挙げられる。情報システムのバグ探し行為への規制などの法体系は各国で異なり国境を越えたプログラム運営は手続きが複雑になる。このため、現在はバグ・バウンティ・プログラムは日本に限定している。海外では、事務局業務とプログラム参加者募集を代行してくれる会社があるので、海外のＮＴＴグループ会社ではそうした外部会社を活用しているが、将来的には国内と同様に内部プログラムにしていきたい。

また、プログラムを通じて育成・発掘した潜在的セキュリティ人材をどう活かして行くかも今後の発展可能性の一つである。望むらくは、セキュリティ業務に携わる部署への異動を促進したいし、真に腕のたつ人材であれば、「レッドチーム」への登用も可能性があるだろう。

さらに、バグ・バウンティ・プログラムの拡大を通じ、セキュリティ向上は全社員参加・会社全体で進めるもの、という意識も広めたい。そのためには、バグが発見されたことが恥ずかしいことではなく「早く見つかってよかった」と捉えられ、また、バグ・バウンティ・プログラムの対象として名乗りを上げるシステム主管は「いけてる組織」と見做されるような風土を広げたい。それがバグ・バウンティ・プログラムにとどまらず、セキュリティ事故を不祥事とせず、必ず起きるものなのでリスクに応じてマネジメントすべき課題と捉える、全社的意識に繋がっていくことを期待している。

バグ・バウンティ・プログラムが持つポテンシャル

バグ・バウンティ・プログラムは、社内のエンジニアにその潜在能力を発揮してもらう上で大きなポテンシャルを秘めている。外部攻撃者優位と言われるサイバーセキュリティ分野だからこそ、エンジニアの潜在能力を最大限に発揮することが大切であり、それがセキュリティに対する全社員の意識改革にも繋がっていく。今後ともそれを目指して本プログラムを発展させていきたい。

第7章

インシデント対応

インシデントの報告を受ける瞬間

ＣＩＳＯの仕事をしていて一番ストレスを感じるのが、社内で発生したサイバーインシデントの報告を受ける瞬間である。これればかりは365日、24時間、いつやってくるかわからない。インシデントの報告を受けた時に真っ先に筆者が考えることはシンプルに一つだけ。「被害最小化」だ。サイバーセキュリティを預かる責任者としては、インシデントの報告を受けると、被害の内容・規模の把握に始まり、被害者への報告・謝罪、原因の分析・特定、原因に基づく再発防止策作り、経営陣への報告、規制当局への報告、メディア対応、など様々なことを気に掛ける必要がある。しかし、これらあまたある課題の中で、最優先で取組むべきことを挙げるならば「被害最小化」と筆者は考える。

現場を預かるＣＳＩＲＴのメンバーは、インシデント発生・発見とともに活動を開始するが、前述した、被害の内容・規模の把握、被害者への報告・謝罪、原因の分析・特定、原因に基づく再発防止策作り、経営陣への報告、規制当局への報告、メディア対応などの複雑で多岐にわたる課題を、発災組織はじめ社内の関係部門と協力しながらタイムリーに取り進める必要がある。

そのＣＳＩＲＴに対して、優先して欲しいことを明確に指示することが極めて重要であり、筆者はバカの一つ覚えのように「被害の最小化を最優先に進めて下さい」という指示を出すことにしている。

「サイバー攻撃が激しく、かつ用いられるテクニックもどんどん高度になる中で、100％の防御は不可能で、サイバー事故は必ず起きるという前提に立とう。例えば地震や風水害と同じく天災に対処するような心構えが大切だ。」とよく言われるが、仮に天災に遭遇した場合、企業経営に携わる身としてはやはり被害最小化を旨として行動するであろう。そのことと同様の腹構えを持つことが肝要である。

ステークホルダーマネジメント

インシデント対応はステークホルダーマネジメントとも言える。先に述べたように、サイバーインシデントへの対応には多くの関係者が存在する（**図7－1**）。社内だけを考えても、まずは発災組織が関わる。発災組織の中では、システム運用や管理の責任者、システム開発や運用の委託先がある場合は委託先、ビジネス運営の意思決定者が関わってくる。発災組織以外には、コーポレートのリスク担当、法務担当、広報担当、さらに被害が顧客に関わる場合には営業担当……と多岐にわたる。そして、対応の中で会社としての判断が必要な場合に備え経営陣の巻き込みも

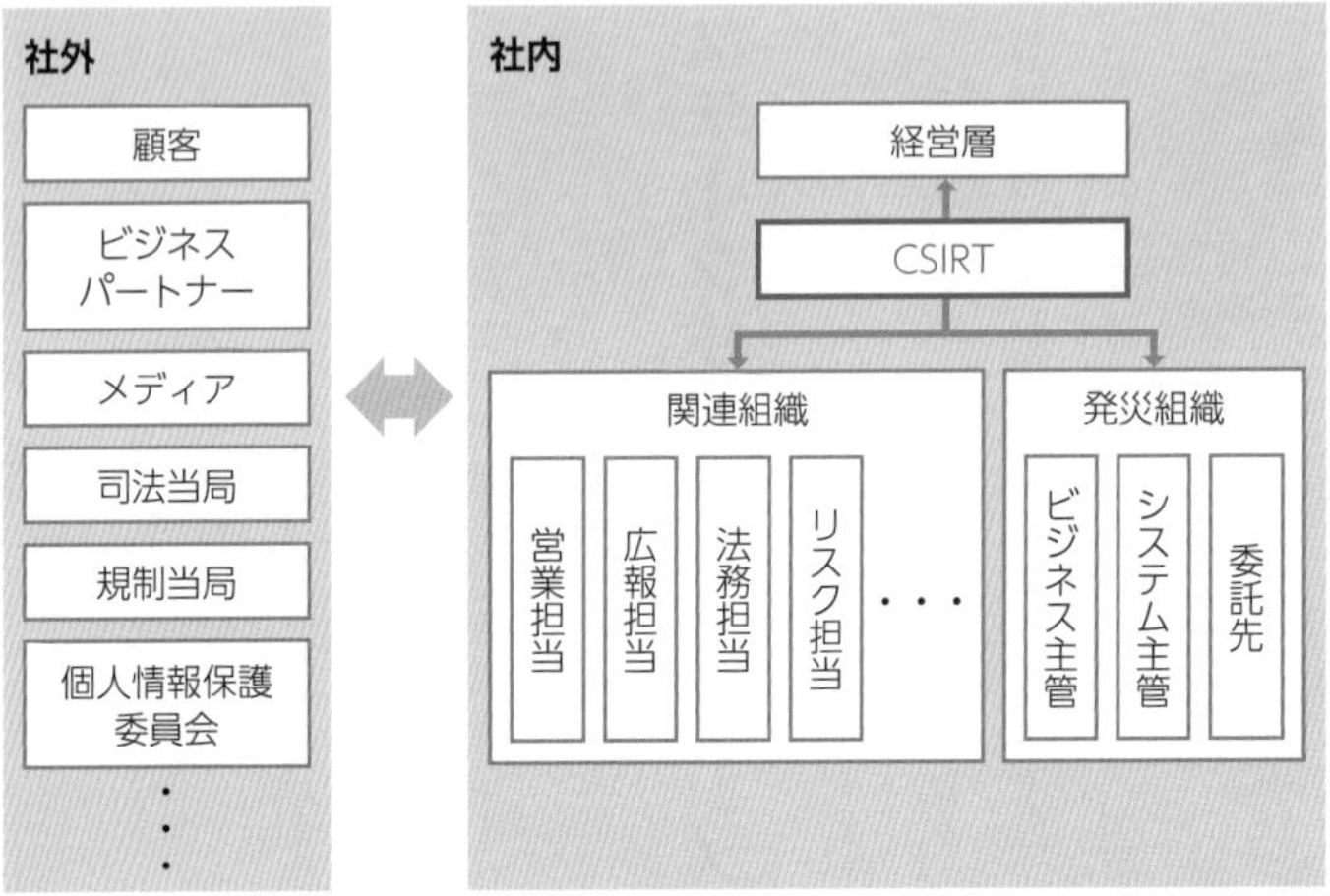

図 7-1 ステークホルダーマネジメント

必要となる。

社外を考えると、被害を与えたお客様やビジネスパートナー、被害を与えていなくても何らかの影響を与える可能性のあるお客様やビジネスパートナーに、まず優先して対応しないといけない。加えて、被害の内容・規模によっては、メディア、司法当局、規制当局や個人情報保護委員会などへの報告が必要になるかもしれない。

しかも、インシデントの直接・間接の影響は国内にとどまらない可能性もある。グローバルに事業展開を行っている企業の場合には、インシデントの発生が海外のケースもあろう。こうした場合、世界各国の顧客、ビジネスパートナー、メディア、政府当局への対応が必要となってくる。

これらのマルチステークホルダーへの対応をタイムリーかつ的確に行うことは、極めて複雑で、かつ神経を使うマネジメントタスクとなる。であるからこそ、優先順位の明確化が大切である。筆者が「被害最小化を最優先に」と指示を出すのにはこうした背景がある。

インシデント対応演習

こうした複雑なステークホルダーマネジメントを時間的にも切迫する中で的確に行うため、NTTではインシデント対応の演習を行っている。具体的には、年に1回、最新の脅威を反映した発災のシナリオを準備し、グループの全CSIRTが参加する形でインシデント時の対応を確認する演習を行っている。実際のインシデント発生時には対外コミュニケーションも重要となってくるので、ここ数年は広報関連部署も参加している。

顧客対応を最優先に

本社でCISOを務める立場に立つと、どうしても現場からの迅速な情報提供を求めたくなる。被害の規模・内容はどうなのか、顧客への対応はどうしているのか、インシデント発生の原因はどこにあったのか、被害拡大防止ための手は打っているのか、等々聞きたいことは山ほどあり、それらの情報を入手したくなる。そして、それを経営陣にタイムリーに報告して自身が事態をコントロールできていることを示したくなる。

しかし、「被害最小化が最優先」ということは、こうしたCISOへの報告を過度には求めないということでもある。なぜなら、CISOへの報告を行っても、通常は被害最小化には役立たないからである。「被害最小化」とは、換言すると、被害に遭った方々・遭ったかもしれない方々のためになること、ベネフィットを最優先するということである。ここでいう被害に遭った方々・遭ったかもしれない方々とは、顧客かもしれないし、ビジネスパートナーかもしれない。あるいは自社の社員かもしれない。こうした方々にとっての被害拡大の防止を最優先することを、現場で対処に奔走してくれているスタッフに対して明確に指示することが重要である。

結果として、CISOのもとへの状況報告は一日、二日、場合によっては数日遅れてしまうかもしれないが、被害最小化のために何をすれば良いのかを一番わかっているのは現場の社員であり、彼らを信じてじっと我慢することを旨としている。そして、こうした方針を他の経営陣との間でも合意しておくことが、実際のインシデント発生時のストレスマネジメントに役立つ。

被害最小化のために迅速な報告を求めることも

前項で「ＣＩＳＯへの報告を行っても通常は被害最小化には役立たない」と書いたが、例外はある。それはインシデントの原因となったサイバー攻撃が、発災組織だけを狙ったものではなく他の組織、例えばＮＴＴグループ全体を狙っている場合である。たまたま発災組織でインシデントが検知・発見されたが、類似の攻撃がＮＴＴグループの他の会社や組織に対しても行われている可能性がある。

そのような場合には攻撃元のＩＰアドレスなどのＩｏＣ（Indicator of Compromise）情報の報告を出来るだけ早期に求め、グループ内の他社と共有して対処策を講じることになる。ただしどのような攻撃であれば、グループを狙ったものと推測するかについての明確な基準はない。その時の時事情勢、最近のインシデントのトレンド、場合によっては攻撃の手法、などを総合的に勘案した上で、発災組織以外のグループ組織への情報共有を迅速に行うことを旨としている。

サイバーインシデントは公表すべきか

サイバーインシデントが発生した際に、企業としてその事実を公表すべきかどうか、ＣＩＳＯ

であれば必ず直面する問題である。企業の秘匿主義が攻撃者を助長させている、積極的にサイバー攻撃の被害に遭った事実を公表することで類似の被害を防ぐことが出来るのでないか、という論調が世の中にはある。特に重要インフラ企業のように社会的影響の大きい企業に対しては、そうした論調が強い。筆者は公表に対しては慎重なスタンスを持っているが、それは公表の是非・タイミングはケースバイケースで判断されるべきものと考えるからである。

では、一体どのような時にサイバーインシデントを公表すべきなのであろうか。2020年にNTTグループで実際に起きたケースを振り返りながら、ここでは考えてみたい。

2020年初夏、NTTのあるグループ会社で商用サービスシステムに外部から侵入され、顧客企業の情報が漏えいした可能性が高いというインシデントが発覚した。被害対象の顧客企業の数は数百にも達し、大規模なサイバーインシデントであった。本件の第一報を受け筆者は持株会社の経営陣と相談、「事態の重大性に鑑み、出来る限り早期に公表した方がよい」という方針を確認した。発災会社のCISOはじめ経営陣も同様の考えであり、方針としては一致した。

できる限りの早期公表という方針を決めたので、次の判断ポイントは「できる限りの早期とはいつか?」、すなわち発表のタイミングに移った。発災会社のCISOとはほぼ連日電話会議を開いて対応策の相談をしていたが、その中で次の3つの条件が浮かび上がって来た。

（1）公表するに足る事実が明らかになっていること。
（2）特に甚大な被害を被った顧客から公表に関する承諾が得られること。
（3）公表することによって、二次被害が起きないこと。

こうした条件が整い次第公表する方針で臨み、実際もここに挙げた3つの条件が整った段階で公表を行った。

実は、これら3つの条件はそれぞれに難易度が高い条件である。まず（1）の「公表に足る事実が明らかになっている」とは、言われてみれば当たり前であるが、被害規模、内容、原因、などがおおよそであっても明らかになっていない中では、プレスリリースを書くこともできない。たとえそうした基本的事実が明らかになっていないままプレスリリースを発出しても、何のために公表しているのかその意図すら明確にできない。そうした基本的事実関係を明らかにするため、現場のCSIRTメンバーはフォレンジック（鑑識作業）と呼ばれる技術的解析を連日連夜行っていた。その作業がどれくらいで進みそうか、いつになったら基本的重要事実の概要が明らかになるか、これは時間との闘いである。その見込みを念頭に置きながら公表の「いつ」を設定していった。

（2）の「特に甚大な被害を受けた顧客から公表に関する承諾を得る」も難易度が高い。本来ならば被害を受けた顧客のすべてから承諾を得るべきであるが、すべての顧客にサイバーインシデントの概要（すなわち、条件の（1））を説明し、理解・納得してもらった上で公表に同意を得ることはとてつもなく長い期間を要する。このため、このインシデントの場合、特に甚大な被害を与えてしまった顧客に限って事前の了解を得る、という苦渋の判断を下した。

この判断自体、論議を呼ぶ余地は大きいだろう。今振り返っても、果たして正しい判断だったのかどうか定かではない。しかし、限られた時間の中では、そうしたギリギリの判断を迫られる。その上で、顧客の承諾を得る努力をする訳であるが、これも簡単には進まない。顧客の多くは法人であり、それぞれ組織的な意思決定のプロセスが複雑である。当方との窓口になっている部署から、会社としての公表に判断を下せる方までの説明にも順序立てが必要なケースも多い。

（3）の「二次被害が起きない」とは、一旦公表するとサイバーインシデントの犯人である攻撃者が、「気づかれた」と勘づくわけであるから、それによって更なる被害が惹き起こされないことを意味する。具体的には、攻撃者が社内のシステムから駆逐されていること、ひそかにマルウエアなどを引き続き潜ませていないこと、仮に潜ませていて何か悪さをされてもそれを検知し対応できる体制が整っていること、などの確認が必要となる。これらは社内の普段からのセキュリティ体制に依存する部分であるが、公表した結果、攻撃の続編が惹き起こされたのでは元も子もない。

ここまで実際にNTTグループが体験したインシデントの実話に基づいて、公表の判断を下した際の条件を3つ述べたが、これらは必ずしも他のインシデントにそのまま当てはまるものではない。あくまで今回例にとったインシデントの場合に、連日行われた対策会議の中で紡ぎ出した条件であり、別のインシデントの場合にはおそらく異なる要素を考える必要があるだろう。

公表の「目安」作り

では、公表するかしないかは、個々のサイバーインシデントごとに判断するしかなく、一般的な基準を設けることはできないのだろうか？ 筆者は、個々の企業が社内的な「目安」を設けることはできるのではないかと考える。事実、NTTでは、前項で紹介したインシデントを経験した後で、公表の「目安」を作っている。実際に公表する・しないは個々のインシデントごとに判断するが、その際に考慮すべきポイントと目安を定めるという位置づけである。

その際、公表をするかしないかの判断を行う上での目安を定めておくだけでなく、仮に公表する場合のやり方についても定めておくことが有効である。やり方とは、公表の時期、外部公表前の関連ステークホルダーへの事前コミュニケーション、などである。

このようにNTTでは内部的な目安を定めているが、これらの目安をNTT以外の企業にそのままあてはめることは適切ではないと筆者は考える。NTTグループは自らが実際に経験したインシデントに基づき、今後の糧として独自の目安を定めた。そこには、NTTのビジネス戦略、[注1]リスク選好度、社会的責務、セキュリティ体制、などの要素が色濃く反映されている。他社の場合には、これらの要素が大きく異なっており、NTTグループの目安を当てはめることは適切ではないであろう。このことから考えると、一般的なサイバーインシデント公表の基準やガイドラインを策定することは極めて困難ではないか、あくまで、個別組織が個々のインシデントの諸状況を総合的に判断して公表する・しないを考えるのが望ましいものと筆者は考えている。

グローバル対応

海外にビジネス展開をしている企業であれば、インシデントは国内・海外を問わずに起きる。そして顧客側もグローバルにビジネス展開しており、サプライチェーンもグローバルになっている今日、海外でおきたインシデントであっても国内での事業展開に影響を与える可能性があるし、逆もまた然りである。したがって、インシデント対応も世界全体を視野に入れて取り組む必要がある。

海外で発生したサイバーインシデントが日本の本社になかなか報告されてこない、報告されても要領を得ない、というのはよく聞く話である。正直ＮＴＴグループでも同様の状況は起きている。それでも被害・影響が発生した国・地域で閉じているならば、本社としては現地を信頼して任せるスタンスがあっても良いと思う。それは国内であっても海外であっても「被害最小化」を優先させる方針を徹底することでもある。

一方で、ある国・地域で起きたサイバーインシデントが、地域や国境を越えて、他地域・他国に影響を及ぼす場合がある。それをどうハンドルするかは重要な課題である。ここでもＮＴＴグループで起きた実際のケースで見て行こう。

ある日本の事業会社でサイバーインシデントが発生し、日本国内で日本語のみでプレスリリースを発出した。それを海外メディアが英訳して海外で報道したのだが、英訳が必ずしも正確ではなかった。その結果、不正確な情報として「ＮＴＴでサイバーインシデントが発生した」という報道が海外各国で流れてしまった。翌日の早朝から筆者のスマホには海外事業会社のＣＩＳＯや事業部長からのメールが殺到した。「『ＮＴＴがサイバー事故を起こして法人顧客の情報が流出した』というメディア報道がなされ、我々のお客様からの問い合わせが殺到している。事実関係を早急に説明して欲しい」というものである。

対応を急ぎ、まず海外事業会社のＣＩＳＯに事実関係を説明するとともに「Holding Statement」を作成して、外部からの問合せ対応窓口に共有した。Holding Statementとは日本語で言うと「対外説明要領」であろうか。外部からの問合せに対して会社としての対応ステートメントである。その中には基本的な事実関係を記して、海外の顧客や政府当局に対して正確な情報が伝わるようにした。しかし、一般的な対外説明要領を示しても、ステークホルダーへの対応として十分とは言えない。ＮＴＴが世界中でビジネス取引をさせて頂いている顧客に対しては、個別のコミュニケーションが必要になる。具体的には、今回のインシデントが日本で起きたものだとしても、顧客の立場に立てば「わが社の日本法人に被害は出ていないのか？」という疑念が湧く。したがって、そうした顧客に対しては個別に被害企業に含まれているか否かを確認し、窓口の役割を担う海外の事業会社に確認結果を連絡することで対応に万全を期した。

そして約2週間後に、日本国内でプレスリリースの第二報を発出するタイミングが出てきた。この時には、前回の轍を踏まないように、プレスリリースは日・英の二言語で行いメディアによる誤訳を避けた。また、プレスリリース発出の2日前には海外事業会社のＣＩＳＯへの説明会を開催し、各社の顧客対応窓口への情報共有を依頼した。さらに、海外顧客からの問合せに対応するための英語の問合せ窓口を設置、プレスリリースに明記した。こうした対応の結果、初報の時のような混乱を避けることができた。

将来のレジリエンシー強化に活かす

インシデント対応の取組みは、一つのインシデントを収束に向けてどうコントロールするかに留まらない。一つのインシデントを経験した結果を、次なるレジリエンシー[注2]強化にどう活かすかも大切である。ここでも実例を見てみたい。

2021年の夏に、NTTのある事業会社でサイバーインシデントが発生した。原因はいわゆるシャドーIT[注3]である。そのシステム経由でマルウエアに侵入され、顧客情報が漏出した可能性があった。その数は当初非常に大きいと推測された。その後の調査で実際に漏出した可能性のある件数は100を下回るということが判明したが、原因となったシャドーITは、NTTグループの他の会社でも存在を否定することはできなかった。

シャドーITの撲滅はどの会社にとっても永遠の課題であろう。NTTでも同様であり、IT部門やセキュリティ部門が把握できていないシステムが存在するかしないかは、判然としていない。「あるものの存在は証明できるが、存在しないことの証明は不可能であり、『悪魔の証明』と呼ばれる」ように、シャドーITが存在しないことを示すことはなかなかに難しい。

こうした状況の中で我々が採ったのは、各社の社長の責任の下でシャドーITの洗い出しを行うことである。具体的には、国内グループ会社の社長を対象にビデオ会議を開催した。国内のグループ会社は200以上あり、全員のスケジュールを合わせることは困難なので同じ内容の会議を6回開催し、そのうちどれかに参加してもらうことにした。そこでは前記のインシデントが起きた会社の社長が、自らの体験としてインシデントが起きるといかに大変か、その原因がシャドーITであったこと、再発防止のために何をしているか、を説明した。その上で、筆者からグループCISOとして、各社でのすべてのITシステムにおけるセキュリティガイドライン順守チェックの依頼を行った。

会議を開催してチェックを依頼し、その結果報告を受けるだけで万全の対策とは言えない。それでも一つのインシデントが起きた時にそこから組織として学び、次に活かすという努力は重要であろう。NISTのサイバーセキュリティフレームワーク（CSF）では、5つのファンクションとして特定・防御・検知・対応・復旧を示しているが、最後の復旧は次なる特定に繋がるべきであり、繰返しのサイクルの中で、組織としてのサイバーレジリエンシーを高めていくことが重要である。

第8章

人材育成と社内コミュニケーション

セキュリティ人材1万人構想

2013年9月、ブエノスアイレスで開催されたIOC総会で2020年のオリンピック・パラリンピックが東京で開催されることが決定された。NTTは2015年1月に通信サービスにおけるローカルゴールドスポンサーとなり、以来、「大会までにサイバーセキュリティ力を高める」を目標に様々な取組みを積み重ねた。その中でも中心的役割を果たしたのがセキュリティ人材の育成である。

具体的には2014年11月に「2020年までにセキュリティ人材を1万人育成する」ことを目標として公表した。それまでは「セキュリティ人材」の定義も定めていなかったのだが、この公表を機に、職種として「マネジメント・コンサル」、「運用」、「開発・研究」の3カテゴリーを定めた。また、各カテゴリーに、スキルレベルに応じて上級・中級・初級の3レベルを設定、合計9つの人材タイプを定義づけた。これ以降、グループを挙げてシステマティックにセキュリティ人材の育成に取り組んだ。上級・中級・初級のレベルについては、情報処理推進機構（IPA）が定めたITスキル標準（ITSS）なども参考に、対外的にもわかりやすい基準をそれぞれ設定し、基準を満たした社員には認定証を授与し、特に中級・上級と認定された社員にはスキル維持・向上に要する費用の一部支援を行った。

初級認定・全社員研修

初級人材の定義は「ICT及びセキュリティに関する基本的な知識を有し、中・上級人材のサポートの下、業務を行うことができる実務者」である。認定を受けるためには、オンラインの学習講座を8週間かけて受講し、学んだ結果を検証するテストに合格することが求められる。オンライン学習講座のカリキュラム内容は以下の構成である。

- 情報セキュリティ基礎（機密性・完全性・可用性の概念、脅威・脆弱性・攻撃手法など。1週間）
- セキュリティマネジメント基礎（リスク分析と評価、セキュリティ規程・ポリシーなど。3週間）
- セキュリティ技術基礎（暗号技術、認証技術、セキュアプロトコルなど。4週間）

初級人材の数は認定制度開始1年目の2015年に5000人近くに達した。その後も大きく伸び続け、翌年には当初目標の1万人を超え、3年目の2018年には4万人に達した。当時NTTグループの日本人社員は約16万人であったから、4人に1人が初級の認定を受けたことになる。

その後初級レベルの知識はもはや全社員が保有すべきとの観点で、初級認定制度は２０１９年に「全社員研修制度」へと発展させ、認定制度としては解消した。現在はすべての社員が年に一度オンラインのビデオ研修を受ける制度となっている。

全社員研修の目的は人材育成とも言えるが、社員啓発とも言える。昔も今も、そしておそらく将来も、最も脆弱なセキュリティホールは人である。社員一人一人がセキュリティ意識を高く持つことが、最も大切なセキュリティ対策と言える。ここで言う「高いセキュリティ意識」とは、必ずしもセキュリティのルールを順守することだけではない。攻撃側のスキルがどんどん高度になっている今、ルールを守っていてもセキュリティインシデントを防ぎきることはできない。大切なことは万一のインシデント発生時に「被害最小化のために自分は何をすべきか」を社員一人一人が知っていることであり、主体的な行動が出来ることである。

本研修は、約30分のオンデマンド型オンライン形式で行われ、ＮＴＴの社員であれば必ず知っておいて欲しいセキュリティの基本動作をまとめた4、5分程度のビデオクリップ6～7本で構成されている。内容は毎年の主要な脅威環境によって変えており、２０２２年度の場合次の構成であった。

●グループCISOからのメッセージ
●NTTグループ事業におけるセキュリティの重要性と対応
●一人一人が意識・実践すべき行動
●昨今のセキュリティ脅威動向
●標的型攻撃メール
●ビジネスメール詐欺
●インシデント初動対応の重要性

中級認定

中級人材は「処々のセキュリティ脅威からお客さまを守り抜き、セキュリティを競争力とするビジネス創出を加速させるスペシャリスト人材」と定義している。初級認定が幅広く多くの社員にセキュリティの知識を備えさせることを狙うのに対し、中級認定は、セキュリティ実務の中核を担う人材を育成することを目的としている。

認定を受けるためには、実務を担うスキルが求められる国内外の公的資格を保有することと、概ね2年以上実務での業務経験を踏んでいることが求められる。また、サイバー攻撃が激化・高度化する中での充分なスキルの獲得・維持のため、運用を担う人材にはサイバーレンジ[注1]を用いた実践的な演習プログラムを3年に一度は受講することを求めている。

こうした中核人材を積極的に育成するため、NTTでは以下のような地道な取組みを進めてきた。

- 認定に必要な公的資格取得に役立つ研修を一覧化したカタログ作成
- 認定に必要な公的資格の取得時に報奨金を支給
- 各事業会社で中級人材の育成・配置計画を定め、実績を確認
- 認定者の人事DBへの登録によるキャリアパス確立の土壌整備
- 事業会社横断の相互人事交流
- 技術的な腕試しであるキャプチャー・ザ・フラッグ（CTF：Capture The Flag）コンテストの開催
- 携帯可能な認定証発行、認定ロゴ制定などによる社内認知度向上

こうした努力の甲斐あって、2023年春現在、中級認定者数は約4500人に達している。制度初年度だった2015年の認定者は約700人なので、7年間で3800人以上の中級人材育成を実現したことになる。

上級認定

上級人材の定義は「国内外において業界屈指の実績を持ち、社内外から大きな信頼と評価を得る第一人者」である。

２０２３年春現在、その数わずか約90人、セキュリティ実務の中核を担う中級認定が約４５００人であるのに比べて約２％しかいない。かなりの高スキルの人材であり、その道のプロとして余人には代えがたい役割を担い、ＮＴＴのセキュリティの屋台骨を背負う役割を担っている。また、こうした人材の活動はＮＴＴ内部にとどまらず、政府の審議会委員、国際的機関の委員、セキュリティ関係ＮＰＯの理事、などの公的業務に携わることで広く社会に対して貢献する者たちも多い。

極めて高レベルのスキルや実績を持つ上級人材の認定に当たっては、客観的な評価・外部の視点も重要である。このため、セキュリティを専門とする大学教授など外部有識者をメンバーとする「上級認定審査委員会」で綿密な審査を行っている。なお本書の第Ⅱ部で紹介している人材は、すべて上級認定を受けた人材達である。

CISOニュースレター

全社員研修は年に一度のオンライン型研修であるが、約30分のビデオであり、それを観て理解しても、日々の行動に十分反映できるかは定かではない。そこで、お正月やお盆など長期休暇の前、あるいはサイバー攻撃が激化してきたタイミングで、CISOからのニュースレターを社員向けに送り、基本動作を思い出してもらうことに努めている。例えば、2022年度は4月、8月、12月と年に3回のニュースレターを発行した。内容は、直近における外部脅威環境の紹介に始まり、社員一人一人にお願いしたい基本動作の確認、そして結びにセキュリティ確保に貢献している人材の紹介、である。

夏や冬の長期休暇は海外でも時期がマッチするので英語版も作成し、海外グループ会社のCISOからそれぞれの社員向けコミュニケーションに活用してもらっている。

草の根会

セキュリティでは個人個人の信頼関係が鍵を握る、とよく言われる。取り扱う内容が機微に触れることから、誰にでも情報を共有し話すことは憚られ、結局、閉じたグループの中での共有や協力にとどまることもよくある話である。詰まるところ、お互いを良く知り信頼している同志という関係をどれだけ広く作れるかが、セキュリティの力の源泉にもなる。

ＮＴＴの中でも事情は全く同じである。同じＮＴＴグループの社員同士であっても、会社が異なる、部門が異なる、組織が異なる、ということでなかなか「顔の見える関係」が作りにくい実態もある。「お互いを良く知り信頼している同志」の範囲が所属部門の中に閉じてしまう。

こうした殻を破るため、ＮＴＴグループの社員でセキュリティに興味がある人なら誰でも参加ＯＫ、という集まりを「草の根会」と称して２０１５年から開催している。「草の根会」というネーミングは、組織の枠を越えたコミュニティ活動としての位置づけを象徴している。参加者も組織でのポジションの高低を問わず誰でも参加できる。開催は平日の就業時刻終了後、場所はＮＴＴ社内の会議室であったが新型コロナ感染が広がってからはオンライン開催としている。

内容としては、ＮＴＴ－ＣＥＲＴによる外部の脅威情報の共有、参加者有志による最近の活動の共有、となっている。海外出張した者が現地で得た学びをプレゼンすることもあれば、外部セキュリティコンテスト参加者が体験談を語ることもある。目的はあくまで組織の枠を越えたコミュニティ作りであり、内容は参加者が独自に決めてもらうことにしている。そして、会の終了後には懇親会を開き、参加者同士が組織や役職を越えて活発に情報交換を行っている。

コラム　はじめてセキュリティ担当を発令されたあなたに

草の根会の活動の副産物として、「はじめてセキュリティ担当を発令されたあなたに」という小冊子がある。ある懇親会で中堅社員が私に「グループ横断のこんなコミュニティがあるなら、もっと早くに知りたかった。自分が初めてセキュリティ担当を発令されたとき、部署の先輩は色々と丁寧に教えてくれたが、いかんせん、自らの会社の内部の知識だけで対応していた。でも、NTTグループ全体に知り合いがいれば、もっと幅広い知識をスピーディに吸収できたと思う」と語り掛けてくれた。「それなら、後輩のためにそんな冊子を作ってあげてよ」とお願いしたところ、有志グループが結成され半年位ででき上がったのが前述の小冊子である。内容の企画、執筆、編集、印刷、配布まで、すべて約10名の有志ボランティアが行ってくれた。

図 8-1　はじめてセキュリティ担当を発令されたあなたに

冊子では

- 最初に手にしたらよいお薦め参考書
- 参加するとよい外部コミュニティ
- 不安に思う人へのQ&A

などについて、先輩からの体験談として「はじめてセキュリティ担当を発令された後輩へのアドバイス」が記されている。執筆者によって異なる意見もあるが、まとめることはせずにそのまま掲載することで、様々なアドバイスが載る形になっている。

WEST-SECなど

草の根会はNTTの持株会社がホストとなって開催するコミュニティ活動であるが、それ以外にもNTTグループ内では様々なセキュリティのコミュニティ活動が行われている。例えば、「WEST-SEC」[注2]というCTFコミュニティである。CTF（Capture The Flag）は、答えとなるフラグを探すゲーム形式のイベントで、セキュリティ教育に活用されている。しかし、世にあるＣＴＦは難易度が高すぎて、セキュリティ初学者には参加のモチベーションはあがらず、学習効果も期待できないケースもある。そこで、ＷＥＳＴ－ＳＥＣでは、難易度を「８割解ける」レベルに下げ、また、身近なセキュリティの出題を増やしたり、アクティブラーニングの学習効果を期待するためにチームで戦うという工夫を行っている。参加のハードルを下げたことで人気を得て、ＩＴ勉強会のプラットフォームであるconnpassの会員登録者は１０００人を超え、大学や高専などの授業であったり、九州大学で行われている社会人向けリカレント教育プログラム（EnPiT ProSec-IT）などでも採用されている。

それ以外にも、ＮＴＴグループ横断での有志のＣＳＩＲＴコミュニティである「電脳対策協議会」、女性のセキュリティ人材の集まり「ひいらぎ会」など、テーマ別の有志による集まりは多数行われており、会社や部門の壁を越えた人材コミュニティが存在している。

Cyber Security Practice Meeting（CSPM）

ＮＴＴグループがグローバル会社に変革しつつある中、セキュリティ人材のコミュニティも国内だけに閉じていてはもったいない。こうした発想から始まったのがサイバーセキュリティ・プラクティス・ミーティング（ＣＳＰＭ：Cyber Security Practice Meeting）である。世界中のＮ

ＴＴ事業会社のセキュリティ人材が一堂に会して経験談を語り合い、グローバルな人材コミュニティを作り上げることを目的に２０１５年からほぼ年に１回開催している。参加者は約１５０名（２０１９年）で場所は国内・海外いずれかで行っていた（**図８－２**）。

コロナ禍で海外渡航が難しくなった２０２０年以降は物理的に集まる形がとれずオンライン開催としている（**図８－３**）。時差のある中でのグローバルオンライン会議はなかなか難しいが、事前収録したビデオによるプレゼンと、ライブでの講演・パネルディスカッションを組み合わせることで、従前と比べても遜色ない充実した内容の会議となった。加えて、オンライン開催でメリットとして参加しやすくなったこともあり、参加者数は７００名に増加するという効果も得られている。

図 8-2　集合形式で開催（2019 年）

皆を惹きつけているものは？

筆者がＣＩＳＯに任命される前、社内外で活躍するトップクラスのセキュリティ人材数名と「ＮＴＴのセキュリティはどうあるべきか」をテーマに意見交換会を開いたことがある。夕方に開始して、事後にはお酒も入れながら話を続けるフランクな会を数回にわたって開き、皆が普段

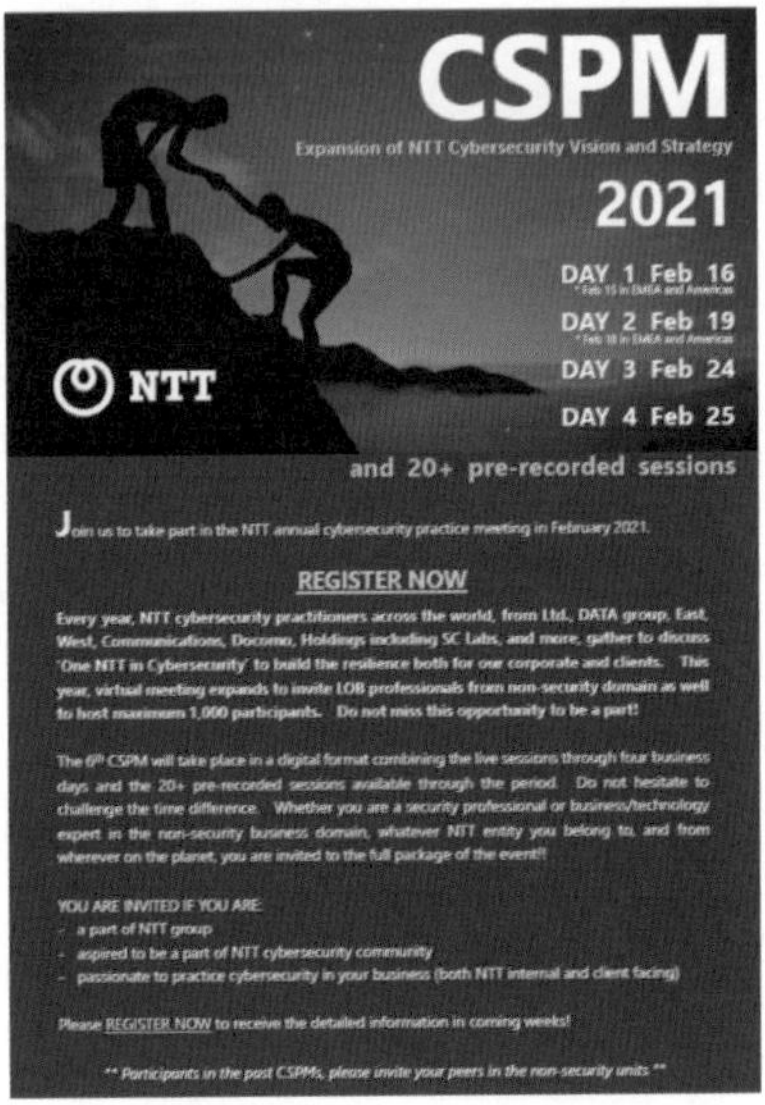

図 8-3　オンライン形式での開催時の参加募集ポスター（2021 年）

から抱えている課題意識を多面的に聞くことができた。

その際に普段から聞きたいと思っていた質問を投げかけてみた。それは「あなたはなぜNTTで働き続けているのか?」というものである。社外でも有名になっている人材ならば、間違いなくヘッドハントの声がかかっているであろう。おそらくはNTTに勤めるよりは好待遇のオファーも受けているであろう。にもかかわらずそれを断ってNTTで働き続けているのはなぜか。NTTの何が皆を惹きつけているのか、それを知りたかったのだ。

一瞬の静寂のあと、一人一人、訥々《とつとつ》と語ってくれたのだが、そこに共通的にあるのは「日本を守っている」であった。ある一人はこう語ってくれた。「言いにくいですけど、確かに外からのお誘いはあります。でも、その時に私の返事はいつも一緒で『私は日本を守っているので転職は出来ません』なんです。」また、別の一人は「一緒に日本を守ろうよ、と自分が誘って会社に入ってもらった若手も多い。そうした仲間がいることがモチベーションになっている」と語ってくれた。

セキュリティに携わる人材は多様である。本書の第Ⅱ部ではNTTのセキュリティ人材が10人登場するが、それを読んで頂くと、一言でセキュリティ人材と言っても普段の仕事も得意分野も異なっていること、多岐に亘ることに気づくことだろう。そうした多様な人材群ではあるが、

「日本を守りたい、社会を守りたい、それに貢献したい」ということを共通の価値観としてもっている。それがＮＴＴのセキュリティ人材である。

第9章

グローバルマネジメント

NTTの海外事業

第1章でも述べた通り、NTTの海外事業は売上約2兆円で、NTTグループ全体12兆円の2割弱を占める。その一方で海外事業に従事する社員数は約14万人、NTT全体32万人の40%強を占める。売上に対して社員比率が高いのは、国内が通信事業主体なのに対して海外ではITサービス主体といった業態の違いによるところが大きい。

NTTの海外事業展開は1997年に遡り、以来、オーガニック[注1]なアプローチと、M&Aによるノン・オーガニックなアプローチを組み合わせて成長してきた。取り分け近年はM&Aで買収した企業がオーガニックとノン・オーガニックの両面で成長することで着実な成長を続けている。

こうした成長過程のため、海外事業には、地域や国など地理的側面に加え、歴史や文化の異なる企業体、人材が混在している。本章では、こうした多様性の高い海外事業のセキュリティガバナンスにどう取り組んでいるかを紹介したい。

海外CISOワークショップ

2018年10月、主要な海外事業会社のCISOが一堂に会する「第一回海外CISOワークショップ」が米国ワシントンD.C.近郊で開催された。このタイミングは、NTTグループが海外事業の再編成に着手することを発表した2018年夏のすぐ後のことだった。それまでほとんど接点がなく、お互いに顔と名前も知らないCISO達に、仲間意識、ワンチーム意識を持ってもらうことを目的としたものだ。

丸一日かけて、持株会社からはセキュリティのビジョンを、各社からはそれぞれのセキュリティの取組みを紹介し、お互いの協力によって得られるメリットを擦り合わせた。そこで合意されたのは、海外事業の再編成に伴う会社統合を待つことなく、CISO同士の協力は先んじてドンドン進めようということであった。

具体的には、次のようなことなどが合意された。

- すべての事業会社が満たすべきセキュリティ対策の〝ミニマム・ベースライン〟を設定すること
- 基盤的なセキュリティ技術について共通化を検討するタスクフォースを作ること

●今後も定期的にこうしたワークショップを開催すること

また、持株会社への要請としてグループ全体のセキュリティガバナンス強化のためにレッドチームを持つことも提案された。第5章で説明したTeam Ⅴは、このワシントンD.C.での第一回海外ＣＩＳＯワークショップから生まれたものである。

こうした海外ＣＩＳＯが集まるワークショップは、その後も２０１９年４月に京都で、２０１９年11月に東京で、２０２０年１月には米国サンノゼでと、回を重ねて行く。ワシントンD.C.での合意を具体化するとともに、〝One NTT in Cybersecurity〟を実現するための追加的施策も提案された。何よりも大切だったのは、海外ＣＩＳＯ達がお互いに顔の見える関係になり、信頼感を強め、それぞれの独自性を尊重しつつもワン・チームとして活動することを指向するようになった点である。新型コロナが世界的に広がったためフェース・ツー・フェースでの集まりはしばらく開催できていなかったが、２０２２年11月には2年10か月振りにマドリードで集まることができた。

海外CISOコール

前項の最後にも書いたように、お互いに気心が知れた仲間意識が高まって来たところであったが、残念ながらコロナ禍によりフェース・ツー・フェースの集まりが持てなくなってしまった。そこで、2020年からは2～3か月に一度、すべての海外CISOが参加する1時間程度のビデオ会議を開催している（このビデオ会議を「海外CISOコール」と我々は呼んでいる）。主な目的は情報共有で、海外CISOにグループの経営幹部として知っていてもらいたいことを積極的に伝えている。例えば2022年6月の会合では、丁度持株会社の経営陣の人事異動が発表された直後であったので、次の4つのアジェンダで情報共有を行った。

（1）持株会社の新経営体制の説明
（2）直前に開かれた国内グループCISO委員会の議事概要
（3）グループセキュリティ規程の改定の進め方
（4）NTTデータ社とNTT Limited（NTT Ltd.）社の統合

海外事業会社におけるインシデント対応

海外事業会社においてインシデントが発生した場合は、国内同様、発災会社が主体的にインシデント対応を行う。主な事業会社はそれぞれCSIRTを持ち、各社のCSIRTがCISOの指揮のもと、被害最小化に向けた顧客対応、インシデント原因の分析、インシデントを惹き起こしたマルウエアや脆弱性の除去、規制当局への対応、再発防止策作りなどの活動を行う。発災会社が小さなグループ会社の場合、迅速かつ十分な対応が行えないこともある。その場合には上位会社のCSIRTが支援を行う。そして、そうしたインシデント対応の状況は逐次持株会社のCISOである筆者の元に報告されてくる。

「海外の事業会社から日本の本社への報告が遅くならないか?」という質問を受けることがあるが、筆者の肌感覚ではそうしたことはない。持株会社への報告が遅れるか遅れないかは、国内・海外の区別とは関係ないと感じている。発災会社のCISOが「この件は持株会社に報告しておいた方がよい」と判断するかどうかが報告タイミングを左右するのだが、その点において国内・海外に大きな差はない。ポイントとなるのは、「自社に仕掛けられたサイバー攻撃がNTTグループの他の事業会社にも向けられているのでないか、もし、そうであればできるだけ早く持株会社に報告して他の事業会社に向けた情報共有を図るべき」という判断を各社のCISOが行うかどうかである。前述の定期的なCISOワークショップやCISOコールを通じてそうした判断の「物差し」はかなり共通になってきていると感じる。

ハーモナイゼーション

２０１８年10月のワシントンD.C.でのワークショップで合意された「基盤的なセキュリティ技術の共通化」は、多様なＮＴＴグループの中で利用するセキュリティ技術を標準化するというチャレンジングなテーマである。本来は「標準化」や「共通化」と表現すべきなのだが、一つの製品に絞らずとも二つ・三つに絞るだけでも効果があると考え、「ハーモナイゼーション」[注2]という緩やかな表現で取り組んでいる。また、利用製品を決めても、実際の実装には時間がかかるので、各社各様のスケジュールで製品移行することとなる。このことも「ハーモナイゼーション」という言葉を使っている所以である。

実際の活動として、まず２０１９年にＥＤＲ、セキュアＤＮＳ、脆弱性管理の３つにおいては原則として利用製品を規定した。具体的な製品名は伏せるが、海外事業会社ではこれらの３つのセキュリティソリューションについては、統一した製品を利用することとしている。さらに、２０２０年からハーモナイゼーションの対象を広げる検討を進め、２０２１年11月のハワイで開いた海外ＣＩＳＯワークショップで、ｅ－メールセキュリティ、クラウドセキュリティ、ＩＤアクセスマネジメントの３つにおいても、原則として利用製品を規定した。

インターナショナル Team V

第5章「レッドチーム「Team V」に加えて海外事業会社向けのインターナショナル Team V があることは紹介した通りである。インターナショナル Team V のメンバーは多国籍であり、南アフリカ、ルーマニア、イスラエルに拠点を持っている。疑似攻撃を行う対象や時期は、海外事業会社CISOとの調整を通じて決めており、この点は国内と同様である。

インターナショナル Team V と国内 Team V とに分けているのは、主に言語上の理由による。インターナショナル Team V の使用言語は英語、国内 Team V の使用言語は日本語である。日本語・英語の両方に通じたメンバーも存在するが、事前の攻撃シナリオ作り、事後のフィードバック・振り返りにおいては事業会社との正確なコミュニケーションが非常に重要となる。このため、海外事業会社へのレッドチーム活動は英語でインターナショナル Team V が行い、国内事業会社へのレッドチーム活動は日本語で国内 Team V が行うこととしている。そして、両チームの間での知見の共有は積極的に行っている。攻撃者は言語の壁を越えた活動を行っている訳であるから、Team V も最新の攻撃手法などに関する知見は国境を越えて共有している。

持株会社の体制

ここまで述べてきたように、ＮＴＴグループのセキュリティガバナンスにおいては、基本的に国内と海外の差なく国内外シームレスとなるように努めている。それを実現するため、持株会社のセキュリティ・アンド・トラスト室自体が、グローバルな陣容をとっている。セキュリティ・アンド・トラスト室は約25名のメンバーで構成されているが、そのうち日本人は約15名、日本人以外が10名弱である。この10名弱が主に海外事業会社のセキュリティガバナンスを担当しているが、国内・海外シームレスの方針に則り、日本人メンバーと密接なコミュニケーションをとっている。

実は、彼・彼女達は日本に居住しておらず、その所在地は、米国、イスラエル、南アフリカ、ルーマニアと散在している。レポーティンググラインはグループＣＩＳＯである筆者に対してであり、組織的には持株会社セキュリティ・アンド・トラスト室のメンバーとして活動している。

所在国が世界に分散しているメンバーの一体感を保つため、セキュリティ・アンド・トラスト室では毎週のチームミーティングを行う際に、日本語と英語を隔週で使い分けている。日本語のチームミーティングは日本人メンバーだけで行われ、英語のチームミーティングは全メンバーの参加により隔週で行われる。また、年度の事業計画作りなどの重要な会議は全メンバーの参加によって行われ、必要に応じてプロの通訳サービスを使用して複雑で込み入ったコミュニケーションでも正確な意思疎通ができるようにしている。

こうしたアプローチは、日本人のメンバーにとっては「隔週で英語のチームミーティングに出なければならない」というストレスになり、また海外メンバーにとっては「チームミーティングが2週間に一度しかない」というストレスになっていると考えられる。しかしながら、会社としてグローバル化を進める以上、そうした不便は避けて通ることができない。メンバーも「確かに不便さを感じることもあるが、本来グローバル企業とはそういうもの」と、前向きに捉えている。

第10章

対外協力

攻撃者はグローバルに協力している

サイバーセキュリティでは、攻撃者が優位な立場にある。攻撃する側は手を替え、品を替えて何度でも攻撃でき、そのうち1回でも成功すればよい。それに対して、守る側はすべての攻撃対処に成功しなければならない。攻撃者が構造的に優位な理由として、しばしばこうした説明がなされるが、実は攻撃側が優位な理由はもう一つある。それは、攻撃者がお互いに活発に協力している点である。しかも、その協力範囲は世界をまたにかけてグローバルになっている。

こうした状況に対して、防御側が個々の企業や組織だけで太刀打ちできないのは火を見るより明らかである。防御側でもお互いの協力によって最新の情報を持っている必要がある。そうしないと、自らを守れないだけではなく、攻撃を受け被害に遭っている事実にすら気づかない可能性もある。しかも、サイバー攻撃には国境がない。このため防御側もグローバルに連携することが重要になってくる。

このため、NTTでは、早くから外部のセキュリティ組織との協力関係を築いてきた。当初は国内での協力が主であったが、最近は海外との協力にも積極的に取り組んでいる。本章ではこうした対外協力について、まず海外政府や海外企業との協力について紹介し、末尾に国内での協力についても紹介する。

米国連邦政府の官民連携活動への参加

ＮＴＴの進める海外での対外協力活動で最も特徴的なのは、米国連邦政府が進める官民連携活動に、10年近くにわたり積極的に参加している点である。米国では、官民連携のことをパブリック・プライベート・パートナーシップと呼び、政府と産業界が一体になってサイバーセキュリティ対策に取り組もうという姿勢が強い。米国で行われる取組みやその成果は、欧州やアジア、その他の国々にも広がっていくことが多いことから、ＮＴＴは米国連邦政府とのコンタクトを保ち、その官民連携活動に積極的に参加してきた。それによって、世界の潮流をいち早く察知し、サイバーセキュリティ力を高める取組みを他社に先んじて行うように心がけている。

商務省の国立標準技術研究所（ＮＩＳＴ）

米国関係の様々な活動の中で、まず取り挙げるべきなのが、ＮＩＳＴとの協力である。ＮＩＳＴはその名が示すように元々は度量衡などの標準を定める組織であったが、21世紀に入ったころから、技術のデジタル化に大きく舵を取り、いまやサイバーセキュリティや暗号だけではなく、

ＡＩやブロックチェーンなど先進的デジタル技術の全般において、米国連邦政府が各種のガイドラインや方法論を定める上での中核的役割を担っている。

サイバーセキュリティにおいても多くのガイドラインや方法論をスペシャル・パブリケーション（一般にＳＰと称される）などの形で策定しており、中でも「サイバーセキュリティ・フレームワーク（ＣＳＦ）」は、企業や政府組織がサイバーセキュリティ対策を実施する上でのグローバル標準の地位を築きつつある。

現在のＮＩＳＴ ＣＳＦはバージョン１・１と言われ、２０１８年４月に策定されているが、ＮＴＴはバージョン１・０（２０１４年２月制定）からバージョン１・１に改訂が進むプロセスに、積極的に参加した。具体的には、ＮＩＳＴが産業界などに意見を求めるリクエスト・フォー・コメント（ＲＦＣ）やリクエスト・フォー・インフォメーション（ＲＦＩ）に対してはすべて意見書を提出した。また、ＮＩＳＴが主催する改訂内容を議論する会議やワークショップにも参加し、幾度ものプレゼンテーションも行った。こうした姿勢は、米国外からの参加を待ち望むＮＩＳＴの期待に沿うものでもあり、ＮＩＳＴからは「ＮＴＴはＮＩＳＴにとって、ＣＳＦ策定の重要パートナー」とまで言われている。

現在、ＮＩＳＴ ＣＳＦはバージョン２・０に向けた改訂作業が進行中であるが、ＮＴＴはそこに対しても積極的に参加している。2022年2月の第一回RFIには今回も意見書を提出しており、また、改訂に向けた一回目のワークショップが2022年8月にオンラインで開催されたが、「サプライチェーン・リスクマネジメント」のパネル討議にはNTT社員が登壇した。その結果、2023年3月に行われたワーキングセッションにも招待を受けており、また、並行してバージョン2・0のコンセプトペーパーへの意見も提出している。

CSF策定や改訂のプロセスに参加することに、一体どのようなメリットがあるのだろうか。最終的にでき上がるCSFは公開されるのだからそれを見れば十分ではないか、という疑問を持たれる方も多いかも知れない。しかし、我々の経験では、プロセスに参加することで非常に大きなメリットが得られる。まず、最終的に出来上がった成果物を読むだけでは得られない、行間に込められた狙いや、利用する上で気をつけなければならない点、などを知ることができる。また、最終成果物に書かれなかったことについて、その理由と共に知ることができる。さらに、ワークショップや会議の場での熱い議論の中で交わされる生きた情報に触れることで、最終的なアウトプットに反映される・されないを問わず、世界中の企業がサイバーセキュリティの課題について何を悩み、どう解決しようとしているかに触れることができる。そして、そこで知り合った人達との人的関係も貴重な資産になる。

第1章「ガバナンス」で新たなグループセキュリティ規程ではNIST CSFをリスクベースマネジメントの標準言語として採用したことを述べたが、このように策定過程から関わることによる、CSFの特徴、利用に当たっての注意事項などをよく理解していること、また、仮に自社で使うとすればどう使うのが良いかを数年間かけて考えて来た背景がある。

NISTとの協力は[注1]CSF作りに留まらない。2019年からは、ゲストリサーチャーをワシントンD.C.郊外のゲイザースバーグ・キャンパスに送り、実務的な研究や開発での協力関係を結んでいる。初代のゲストリサーチャーはボットネットの攻撃予兆を検知する技術の研究を行い、その成果はテクニカル・ノート2111として公表されている。現在は二人目のゲストリサーチャーが暗号分野の研究を行っている。そうした正式な研究テーマ以外にも国家脆弱性データベース（NVD：National Vulnerability Database）の管理・更新などの活動にも参加する機会を得ている。

国土安全保障省サイバー・インフラ・セキュリティ庁（CISA）の通信セクター調整評議会（CSCC）

米国連邦政府は、サイバーセキュリティ政策を産業界との協力のもとで企画・推進する母体として、業種ごとの「調整評議会」（Coordinating Council）を組成・運営している。調整評議会は16あり、通信セクターとの間では「通信セクター調整評議会」（ＣＳＣＣ：Communication Sector Coordinating Council）がある。ＮＴＴは２０１５年からＣＳＣＣのメンバーとなり、通信セクターのサイバーセキュリティ政策の企画・検討段階から産業界の一員として関わっている。

米国のサイバーセキュリティ・インフラ・セキュリティ庁（ＣＩＳＡ：Cybersecurity and Infrastructure Security Agency）やホワイトハウスなどが、新たな方針を打ち出したり、大統領令（Executive Order）を発表する前に、産業界と非公式な意見交換を行うことが多い。政府側においても、産業界が実行できない方針や大統領令を打ち出すことは避けたいので、事前に産業界の意見に耳を傾ける。ＣＳＣＣはそうした意見すり合わせの場として使われることが多く、ＮＴＴはＣＳＣＣのメンバー企業となることでいち早くそうした官民のやりとりに触れることができ、他の米国企業と一緒に政府に意見を出すこともある。

また、ＣＳＣＣは他の業界セクターの調整評議会との情報交換も行う。特に、金融や電力など社会インフラとしての特徴が似通う業種の調整評議会とは、頻繁に情報交換を行っている。このため、ＣＳＣＣを通じて、他のセクターの動向に触れる機会も多い。幅広い視点から、米国全体のサイバーセキュリティ政策がどちらの方向に動いているのかをマクロに把握する上では貴重な情報源となる。

その他の官民連携活動

ここまで代表的な事例として、商務省のＮＩＳＴと国土安全保障省サイバーセキュリティ・インフラ・セキュリティ庁（ＣＩＳＡ）のＣＳＣＣの２つを例に挙げた。他にも、商務省であれば国家通信情報行政局（ＮＴＩＡ：National Telecommunications and Information Administration）、ＣＩＳＡであればＩＣＴサプライチェーン・リスクマネジメント・タスクフォース（ＩＣＴ ＳＣＲＭ－ＴＦ：Supply Chain Risk Management Task Force）、連邦通信委員会（ＦＣＣ）であれば通信セキュリティ・信頼性・相互運用性評議会（ＣＳＲＩＣ：Communications Security, Reliability, Interoperability Council）などの活動にも参加してきた。こうした継続的な関係を維持することで、各行政府が時限的に立ち上げるプロジェクトやタスクフォースにメンバーを送り込む機会を得ている。

他国政府との協力

米国以外の海外政府との間でも、米国連邦政府ほど重層的ではないが、各国でサイバーセキュリティ政策の中心を担う省庁と協力関係を保っている。具体的には、英国では国家サイバーセキュリティセンター（NCSC：National Cyber Security Center）、ドイツでは連邦情報セキュリティ庁（BSI：Bundesamt für Sicherheit in der Informationstechnik）、シンガポールではサイバーセキュリティ庁（CSA：Cyber Security Agency of Singapore）などとの間で相互訪問や意見交換を続けることで、各国の最新動向を入手し、また、日本のサイバーセキュリティの取組み発信を行っている。

海外企業との協力

海外との協力は政府との協力にとどまらない。民間企業との間でも様々な協力を行っている。

ここからは、海外企業との協力について紹介したい。

Security 50

Security 50とは、グローバル企業のCISOをメンバーとするコミュニティである。名前のとおり、50人を目途として創設されたが、現在は100人以上のメンバーがいる。主催しているのはEverestという米国の会社で、他にもMarketing、Financeなどのテーマ別グループが存在する。Security 50はそうしたテーマ別コミュニティの一つである。NTTは2015年からこのメンバーになっている。

年に2回、Security 50の全員が集まる会議があるほか、小グループでのラウンドテーブル、オンラインでのメンバー間情報交換などを行っている。筆者が一番重宝しているのはオンラインでの情報交換サイトである。あるメンバーが質問を投げかけると、他のメンバーが「わが社ではこうしている」ということを教えてくれる互助会的仕掛けである。例えば、最近見かけた投稿の例を挙げると「サイバーセキュリティを取締役会に報告する時、どの委員会に報告するか?またその頻度は?」といったコーポレートガバナンスに関するものもあれば、「保険会社にサイバー保険の見積もりを要請する際に、自社のセキュリティの取組みを保険会社にプレゼンするか?」といったものもある。

さらには「自社の経営トップのセキュリティレベルを、第三者の立場から評価してくれる外部プロフェッショナル会社として、お薦めがあったら教えて欲しい」という機微なものまである。

筆者自身も、他のグローバル企業の取組みを知りたい時に質問を投げかけている。通常は一、三日のうちに10社を超える仲間たちから返事が寄せられ、非常に有用な情報源となっている。加えて、自分で質問を投稿しなくても、他のＣＩＳＯが投稿する質問とそれに寄せられる回答を見ているだけでも、世の中のトレンドとして何が課題として話題になっているのか、を察知することができる。

CSDE

ＣＳＤＥ[注2]（Council to Secure the Digital Economy）は、２０１８年に設立された、通信やＩＴ分野のグローバル企業の有志団体である。２０２２年10月時点のメンバーは、ＡＴ&Ｔ、ベライゾン、テレフォニカ、ＮＴＴといった通信企業に加え、ＩＢＭ、インテル、シスコ、パナソニック、ＮＥＣ、ＳＡＰ、オラクルなど合計15社である。団体の目的は、デジタルインフラをグローバル規模で提供する企業として、自分たちがサイバーセキュリティを守るために行っている取組みを発信し、世界各国の政府に対する政策提言を行うことである。ＮＴＴは設立当初からのメンバーである。

具体的な取組みの一つに、ボットネット撲滅のための年次報告書の発行がある。ボットネットとは、攻撃者によって操られるようになってしまったＩＴ機器類（ロボットのように操られるので「ボット」と言われる）が多数ネットワーク化されたもの（「ボット」がネットワーク化されているので「ボットネット」と呼ばれる）で、攻撃者が大規模なサイバー攻撃を行う際のインフラとして使われてしまう。したがって、ボットネットをいち早く見つけ、無力化することが大切だし、ボットネットが組成されないようにすることも大切となる。そのために、グローバルな通信事業者やＩＴ関連会社は様々な取組みを行っているが、それを一覧にまとめたのがボットネット撲滅のための年次報告書である。報告書を出すことも大切であるが、報告書作成の過程で他のグローバルＩＣＴ企業それぞれが行う取組みを知ることができ、結果として、事業者間の相互協力が進めやすくなる効果を生み出している。

(ISC)²[注3]

情報セキュリティの世界で、最も信頼性の高い資格はＣＩＳＳＰ（Certified Information System Security Professional）と呼ばれる。このＣＩＳＳＰの資格制度を運営しているのが

(ISC)²である。(ISC)²はサイバーセキュリティの専門家向けのトレーニングと認定を専門とする非営利団体であり、Ｓｅｃｕｒｉｔｙ 50やＣＳＤＥのように、企業がメンバーの団体ではなく、個人個人がメンバーとなる。(ISC)²のフルスペルは〝The International Information System Security Certification Consortium〟であり、発足は１９８９年と非常に歴史と伝統がある団体である。ＮＴＴはこの国際組織の運営にも貢献しており、またＣＩＳＳＰという資格の日本の中での普及を牽引してきた。現在も理事の一人をＮＴＴグループから輩出している。

その他の産業界との協力

Ｓｅｃｕｒｉｔｙ 50、ＣＳＤＥ、(ISC)²の３つを紹介したが、それ以外にもＮＴＴは、脅威情報共有の団体であるサイバー・スレット・アライアンス（ＣＴＡ：Cyber Threat Alliance）、サイバー空間の規範（Norm）作りを進めるTech Accord、グローバルＩＳＰ企業のＣＩＳＯの集まりであるＩＣＣ（International Communication CISO Council）などに参加している。

最後に忘れてならないのは、団体に加盟しての協力だけではなく、大手グローバル企業との間で個別に随時の情報交換・意見交換を行っていることだ。セキュリティの世界では「あなただけに教える」「このグループ内だけで共有する」といった密な信頼関係に基づいた協力が重要となる。詳細を述べることはできないが、ここまで述べて来たような官民連携活動や産業団体活動を通じて知り合いになった個別企業やそのＣＩＳＯとの間では、いわゆる「クローズド・ドア」での情報交換を随時行っている。

国内での対外協力－ＣＳＩＲＴ活動

ＮＴＴの代表ＣＳＩＲＴであるＮＴＴ－ＣＥＲＴは２００４年にＮＴＴ研究所内に発足した、日本企業の中でも最も老舗なＣＳＩＲＴの一つである。企業や組織がサイバーセキュリティに取り組む際に真っ先に取り組むのがＣＳＩＲＴを作ることであり、ＮＴＴはＮＴＴ－ＣＥＲＴでの経験を積極的に発信してＣＳＩＲＴの立上げについてのノウハウを提供してきた。

具体例として日本シーサート協議会（ＮＣＡ）活動への参画が挙げられる。ＮＣＡは日本企業におけるＣＳＩＲＴ活動の拡大・発展に貢献することを目的とする一般社団法人である。ＮＣＡ創設時の発起人ならびに初期会員は６組織あるが、ＮＴＴ－ＣＥＲＴはその一つに該当する。現在も、ＮＣＡではＮＴＴグループから複数の事業会社ＣＳＩＲＴのメンバーが理事や運営委員となって積極的に活動を行っている。

ICT－ISAC

ＮＴＴはアイザック（ＩＳＡＣ：Information Sharing and Analysis Center）[注4]の活動に対しても積極的に参加、情報発信をしている。アイザックは、企業が情報共有を通じて相互のサイバーセキュリティへの対応力を高める互助的精神に則って運営される。

企業が受けるサイバー攻撃や対抗策には業種別の特徴も多いことから、アイザックは金融ＩＳＡＣ、交通ＩＳＡＣなど業界ごとに設立されることがほとんどである。ＮＴＴが加盟するＩＣＴ－ＩＳＡＣは元々テレコムＩＳＡＣが日本最初のアイザックとして２００２年に設立され、２０１６年に放送会社やシステム開発会社も加わり現在のＩＣＴ－ＩＳＡＣへと拡大した。

ＩＣＴ－ＩＳＡＣの活動はサイバー攻撃対応演習、ＩｏＴセキュリティ、５Ｇセキュリティ、交流促進などのテーマ別のワーキンググループ等が中心となって行われている。現在ワーキンググループやＳｉＧは約20あり、その約半数でＮＴＴグループのメンバーが主査を務めている。

産業横断サイバーセキュリティ検討会

サイバーセキュリティ人材の育成に関する課題を業界横断の視点で解決することを目的に、重要インフラ業界を中心とした企業が業種横断で集まって発足したのが産業横断サイバーセキュリティ検討会（以下、「産業横断検討会」と略す）である。2015年6月に発足した。

企業間の協力団体は海外にも多数あるが、その多くは同業種での協力団体である。産業横断検討会のように、業種横断での協力を進める団体は国際的に見ても非常にユニークと言える。NTTは産業横断検討会に発足時から関わり、エネルギー、運輸、製造、金融、などICT以外の大手インフラ企業との間で、サイバーセキュリティ人材のプロファイル作りや育成プログラム作りなどのテーマで協力を行っている。

国内での草の根的な協力

右記以外にも、国内には様々な形でのサイバーセキュリティの協力を行う団体や集まりがあり、いわば草の根的な形で、日本のサイバーセキュリティに貢献している方々が協力・参画している。ここで、その一つ一つに言及することはしないが、本書の読者には、日本には様々なサイバーセキュリティ協力組織があることを知って貰いたい。そして、そこでは社会のサイバーセキュリティ確保のために日夜奮闘努力している人々が人知れず協力の輪を広げていることを知って貰いたい。NTTもその一員として参画させて頂いている。

第11章

情報発信

日本企業唯一のサイバーセキュリティに特化した情報発信チーム

ＮＴＴは、持株会社の中にサイバーセキュリティの情報発信を行う専任チームを置いている。筆者の知るところ、日本企業の中でサイバーセキュリティに特化した対外情報発信チームを持っているのは、セキュリティを専業とする企業以外ではＮＴＴだけである。

その背景には、サイバーセキュリティの確保には、社会を構成するすべての企業、家庭、個人、政府機関、自治体、ＮＧＯなどと一緒に取り組むことが必要という理念がある。「はじめに」にも記したように、今やすべてが繋がる時代である。一つ一つの組織、一人一人の個人がどんなに努力をしても、繋がった社会を守るためには全員が協力することが必要となる。

情報発信に取り組む意義

ＮＴＴは企業ミッションとして事業活動を通じた社会課題の解決を掲げる。セキュアなデジタル経済社会を実現することは社会課題解決そのものであり、ＮＴＴのみならず社会全体のサイバーセキュリティ確保に貢献することは企業ミッションの一部である。

このため、自らのサイバーセキュリティ活動やそこから得られた知見を可能な範囲で対外発信することで、それによって他社・他組織の活動の参考としていただくことを目的に情報発信チームを置いている。

発信内容はNTTの活動紹介にとどまらない。目的とする「セキュアなデジタル社会の実現」に貢献するため、国内外の公的組織に対するサイバーセキュリティ関連政策への提唱活動にも積極的に取り組んでいる。さらに、一般市民から企業経営層までの幅広い層に対して、知っておいていただきたいサイバーセキュリティの最新トレンドや被害最小化のためのアプローチなどについても積極的に発信している。

情報発信がもたらす対外協力機会

前章の「対外協力」で述べた海外政府や外部企業との協力も、情報発信活動がきっかけとなったものが多い。外部へ情報発信すると、その相手から「フィードバック」や「NTTへの期待」を受け取ることも多い。それがNTTとしての新たな取組みや協力関係に繋がっていく。情報発信のミッションには、単純に情報を発信することにとどまらず、外部とNTT内部との橋渡しを行うことも含まれると言えよう。フィードバックや外部からの期待の声を得ることで「社内に新たな刺激を与える」ことも、対外情報発信の重要な効用である。

次に、ＮＴＴグループが行う具体的な情報発信活動を紹介しよう。

アニュアルレポート

第一は、投資家向けのアニュアルレポートである。ＮＴＴのアニュアルレポートは、その中で2ページを割いて情報セキュリティへの取組みを紹介している。そこでは、中期経営計画を踏まえたセキュリティのビジョンと戦略にはじまり、新たな経営スタイルの実現のためのセキュリティ対策、ＮＴＴグループがめざすセキュリティガバナンス、推進体制としてのグループＣＩＳＯ委員会などを紹介している。

さらに、最新トピックスのコーナーもあり、２０２２年度アニュアルレポートでは国際的なスポーツ大会でのセキュリティ貢献、ＮＴＴセキュリティホールディングス社の設立、グループ規程類の抜本見直しを紹介している。

サステナビリティレポート

次に、サステナビリティレポートがある。この中では、「安心安全でレジリエントな社会へ」というセクションで、中期経営計画を踏まえたセキュリティのビジョンと戦略、新たな経営スタイルの実現のためのセキュリティ対策を紹介している。

その上で、具体的な取組みとして、グループ規程類の見直し・体系化、商用サービスのセキュリティ強化、NIST CSFを共通言語にしたグローバル連携、米欧の政府や産業界との協力、全社員向けの情報セキュリティ研修、研究開発の取組み、CSIRTの運営などを紹介している。

グローバル・スレット・インテリジェンス・レポート

NTTセキュリティ社では「グローバル・スレット・インテリジェンス・レポート（GTIR）」を毎年発行している。本レポートは、NTTセキュリティ社がNTTの各社を守り、あるいは外部のお客様を守る上で実際に観測したサイバー攻撃に基づいて、世界のサイバー脅威トレンドをまとめたものである。

具体的には、世界を、米州・欧州・アジア・日本の4地域に区分し、各地域別の攻撃トレンドを分析している。また、金融、テクノロジー、製造業、小売りなどの業種別にもどのような攻撃を受けているのかを分析、公表している。

サイバーセキュリティレポート

また、NTTセキュリティ社は月次の「サイバーセキュリティレポート」も発行している。こちらは、その月に生じた様々な情報セキュリティに関する事件、事象、また環境の変化の中から特に重要と考えられるトピック3点を選び、まとめている。独自の情報や一歩踏み込んだ分析を付けていることが特徴である。

例えば、2023年1月のレポートでは「Chat GPT の活用とサイバー攻撃」と題して、Chat GPTを使って行われる可能性のあるサイバー攻撃や、逆に防御に活かすための研究についてまとめている。Chat GPT が一般公開されたのが2022年11月末、海外のセキュリティ企業がChat GPT のサイバー攻撃への悪用可能性を指摘したレポートを出したのが2023年1月なので、NTTセキュリティ社もほぼ同時期にホットトピックについてレポートしていると言えよう。

サイバーセキュリティ・アニュアル・レポート

NTT-CERTは2004年発足、日本企業の中でも最も老舗なCSIRTの一つである。

企業や組織がサイバーセキュリティに取り組む際に真っ先に必要なのがＣＳＩＲＴを作ることであり、ＮＴＴは自らの経験を積極的に外部に発信してＣＳＩＲＴの立ち上げ方についてのノウハウを提供してきた。

その一環として、ＮＴＴ－ＣＥＲＴでは「サイバーセキュリティ・アニュアル・レポート」を公開している。その中では、一年を通じての世の中のサイバーセキュリティ事案に加え、ＮＴＴ－ＣＥＲＴやＮＴＴグループの活動を具体的な対応事例も含めて公表している。

サイバーセキュリティに関するグローバル動向四半期レポート

ＮＴＴデータでは、各種ニュースリリースやウエブサイト、新聞、雑誌等の公開情報を収集、セキュリティに関するグローバル動向を調査することで、サイバーセキュリティ動向の変化を捉えて、四半期ごとに「サイバーセキュリティに関するグローバル動向四半期レポート」を公開している。

その特徴は、個別の具体事例に関する解説・分析を含むこと、セキュリティに関する出来事をタイムラインにまとめていることにあるが、最も特徴的な点として、最新トレンドを踏まえた今後のサイバーセキュリティ動向についての予測も示している。

アドボカシー、ソート・リーダーシップ活動

ここまで紹介したような出版形式での情報発信だけではなく、公的組織への政策提言や一般社会への提唱活動にも積極的に取組んでいる。アドボカシーやソート・リーダーシップという言葉は日本語に訳しにくいが、敢えて言えば「公的視点での提唱活動」といえよう。

具体的な例としては、米国国立標準技術研究所（ＮＩＳＴ）が提示するサイバー・セキュリティ・フレームワーク（ＣＳＦ）への意見書提出がある。ＮＩＳＴはＣＳＦの策定や改訂に当たり、広く世の中から意見を求めるため、リクエスト・フォー・コメント（ＲＦＣ）を発出することが多い。ＲＦＣに対する意見は、世界中のあらゆる企業、組織（政府機関も含む）、個人が提出することが可能である。

ＮＴＴは、２０１４年以来、ＮＩＳＴ ＣＳＦの改訂に関わるすべてのＲＦＣに対して意見を提出しており、その内容はＮＩＳＴのウエブページで公開されている。内容は都度のＲＦＣに応じてまちまちであるが、ＮＩＳＴ ＣＳＦをＮＴＴ社内で使ってみた経験に基づく、便利な点、課題点、改善要望を記していることが多い。

シンクタンクのレポート作りへの参加

企業のアドボカシーにとってもう一つ重要なのは、シンクタンクの活動への参加である。シンクタンクは、国内外の学術的な研究者、民間の専門家、政府の政策決定者を繋げ、次の政策作りのための議論をするワークショップの開催や、政策提言のためのレポート作成をしている。そうした活動に参加することで、第一線の有識者たちが現在の最重要課題をどうとらえているのか、どのような政策が必要と考えているのかいち早く知ることができるだけでなく、民間の声を政策作りに反映することも可能となる。

例えばＮＩＲＡ総合研究開発機構『わたしの構想 No.57 日常化するサイバー攻撃、問われる官民の責務』（２０２１年12月）に寄稿し、米コロニアル・パイプライン社へのランサムウェア攻撃被害を例に挙げながら、一社を狙ったサイバー犯罪であっても、一国の経済や安全保障に打撃を与え得ること、だからこそ、多要素認証などの基本的なサイバーセキュリティ対策の徹底、サイバー攻撃の手口などに関するサイバー脅威情報の迅速な共有が如何に大切であるかを説いた。

また、米ワシントンＤ．Ｃ．にある戦略国際問題研究所（ＣＳＩＳ）が行った技術分野における日米同盟深化のためのプロジェクトの成果である書籍「Toward a U.S.-Japan Technology Alliance: Competition and Innovation in New Domains」に「Japan's 5G Security Strategy and Competition in Emerging Technologies」を寄稿し、日本の民間企業が5GやO－RAN、IOWNの分野でどのような世界的貢献をしているのか、5Gセキュリティで必要となるポスト量子暗号の分野で日本はどのような活躍をしているのかについて説明している。

さらに、同じく米ワシントンD.C.にあるモーリーン・アンド・マイク・マンスフィールド財団は、日米首脳共同声明など日米連携強化の文脈で必ずと言っていいほど言及されるが、同財団が在日米国大使館の助成金を得て主催する「日米同盟を活用したサイバー人材の育成(Building a Cyber Workforce Through the U.S.-Japan Alliance)」の検討に参画している。検討成果として、NISTが提示する人材フレームワークであるSP800-181をベースとしたセキュリティ人材向け共通研修シラバスの作成、日米間での調整／協力／専門知識の面で日米間の橋渡し役となる人材の育成などについてレポートとして公表するとともに日米の政府機関等に提言している。

講演依頼・寄稿依頼への対応

各種のカンファレンスでの講演依頼、メディアからの取材・寄稿依頼にも積極的に対応することとしている。加えて、個別企業からＮＴＴのセキュリティへの取組みを紹介して欲しいという依頼も少なくない。サイバーセキュリティは非競争領域であるので、形態を問わずサイバーセキュアなデジタル経済社会作りに役立つものとして積極的に対応している。そのテーマは様々であるが、最近のテーマとしては次のようなものがある。

- リモートワークを支えるＩＴとセキュリティの仕組み
- グローバル組織のセキュリティガバナンス
- 取締役、監査役による効果的なセキュリティガバナンス
- バグ・バウンティ・プログラム[注1]の運営
- 広報部がインシデント時に果たす役割

また、マクロな視点で、ロシアによるウクライナ侵略から得られるサイバーセキュリティの教訓、経済安全保障とサイバーセキュリティ、国際情勢とサイバーセキュリティ、などのテーマでの寄稿や講演も数多く行っている。

第12章

トラスト　～第I部のむすびに

「セキュリティ・アンド・トラスト室」という名称

ＮＴＴ持株会社のセキュリティ組織は名称を「セキュリティ・アンド・トラスト室（英語名Security and Trust Office：ＳＴＯ）」としている。なぜ「トラスト」を組織名に入れているのか？ トラスト（信頼）のセキュリティにおける重要性と、筆者の考えを第Ⅰ部のむすびとして、ここでは紹介したい。

「トラスト」の価値

「トラスト」は日本語で「信頼」と読み替えてもよいであろう。言うまでもなく「信頼」は社会の根幹を担っている。あらゆる社会的な仕組み、決め事は関係する主体間の信頼を前提に成り立っている。古来より、相互の信頼関係が人々の社会的協力を可能としており、協力があったからこそ社会は進化してきた。信頼こそが人類社会における進歩の本質的な駆動力であったとも言える。

デジタル社会におけるトラスト

新型コロナの感染が世界的に拡散した結果、私たちの社会生活は急速に「リモート型」へ転換し始めた。従来、信頼関係は人と人や組織と組織の直接的な触れあいの中で形成されることが多かったが、リモート型インタラクションの環境下では、物理的な接触がない中での信頼関係構築が求められる。

物理的接触がない中で相互の信頼を確立するためには、例えばお互い同士の本人確認が確実に行われる必要がある。また、やりとりする情報に誤りや不正がないこと、必要に応じ秘密が守られることが担保されていなければならない。さらには必要な情報をタイムリーに利用できることも大切である。こうした本人確認の確実さや情報の完全性、機密性、可用性の担保は、セキュリティによって成り立つ。

デジタル化が進み、非接触のインタラクションが普及した社会では社会基盤としてセキュリティの役割が益々高まっていくであろう。信頼とセキュリティはコインの表面と裏面のように密接不可分になり、セキュアであることが周囲から信頼を得ることの条件になる。セキュアでない企業は取引先から信頼を得にくくなるであろうし、セキュリティに気を配っている企業は取引先からの信頼を得やすくなる。

セキュリティで守るのはトラスト

筆者がNTTグループのCISOに着任したのは2018年。以来、何のためにセキュリティを推進するのか考え続けた結果たどり着いたのは、つまるところ「守っているのはトラスト」、ということである。今後のデジタル化の進展を考えると、セキュリティ推進組織としてトラストを掲げることの意義は益々高まっていくのではないかと考えた。「セキュリティ推進室」のような名称が普通であるところ、あえて組織名に「トラスト」という言葉を使う理由がここにある。

トラストの形成要素

では、トラストを作り上げるにはどうすればよいのだろうか。ハーバード大学ビジネススクールのサンドラ・サッチャー教授はその著書『The Power of Trust』(PublicAffairs, 2021)で、いくつもの事例分析の結果として、トラストの形成に必要な4つの要素を示している。

- コンピテンス(能力)
- モチーフ(動機)

● ミーン（手段）
● インパクト（成果）

個人であれ組織であれ、周囲からトラストを獲得するためには、しっかりした「能力」を身につけ、正しい「動機」に基づいて、適切な「手段」を通じて能力を行使し、「成果」を出す、ことが大切としている。そして4要素を繰り返して発揮することが必要、したがって信頼構築は時間のかかる営みである、とサッチャー教授は指摘する。

サイバーセキュリティにおけるトラスト作り

サイバーセキュリティの確保に4要素を当てはめてみるとどうなるだろうか。

まず、「能力」については、セキュリティのスキルを組織内に育て、獲得することと言える。ここで言うスキルは技術的なものだけでなく、組織的なスキルや体制も含まれるであろう。企業であれば社内にその能力を持つ場合もあるだろうし、外部のエキスパートに依頼する場合もある。いずれであっても、それを自らがコントロールできることが肝要であり、それが能力の行使につながっていく。

次に「動機」とは、なぜセキュリティが大事なのかが明確になっていることである。「セキュリティは技術課題ではなく経営課題」という点は今や広く認識されはじめているが、「なぜセキュリティが自社にとっての経営課題なのか」という点を、事業戦略の観点からしっかりと定義づけることが大切である。その動機によって、セキュリティを通じて守るべきものの重要度・優先度が異なってくる。

「手段」は、技術的なセキュリティツール、社内の規程やルール、演習などの人材育成策、などが挙げられる。多くの企業でセキュリティ組織が遂行している活動が該当するが、これらはまさに手段であり、それ自体が目的化してしまい、セキュリティのためのセキュリティにならないことが肝要である。そのためにも、前記の「動機」すなわち何のためにセキュリティを確保するのかを見失わないことが大切である。

最後の「成果」は、セキュリティ事故を起こさないということではない。本書の中でも繰り返し記したように、セキュリティ事故を100%起こさないことは不可能である。セキュリティ事故は必ず起きるという前提に立ち、被害を最小化することを成果として位置付けたい。さらには、セキュリティを確保することでデジタル技術を活かしたイノベーションを加速させ、事業展開にプラスの効果をもたらすことも狙いたい。

まだまだ発展途上

こうしたトラスト実現の4要素に照らした時、果たしてＮＴＴのサイバーセキュリティはどのレベルにあるのか。筆者の自己評価は「まだまだ発展途上」である。本書の第Ⅰ部ではＮＴＴのセキュリティの取組みを、この後に続く第Ⅱ部では10名の人材についてプロファイルや仕事への思いを紹介するが、すべてにおいて完成形には程遠いと筆者は考えている。本書は、現在進行形の現況を著したものとご理解いただきたい。

第 II 部

精鋭たちの挑戦

本書の前半（第Ⅰ部）では、ＮＴＴがこれまで取り組んできたサイバーセキュリティの方針・仕組み・特長について解説してきた。

後半の第Ⅱ部では、実際にＮＴＴグループ内で各種対策・研究・標準化を行ってきた、サイバーセキュリティのエキスパートたちについてスポットを当てて紹介しよう。

ここに挙げる10人は、いずれも壁に突き当たり苦悩し、考えに考え、ブレークスルーを果たしてきた、まさに「精鋭たち」である。

彼、彼女たちが乗り越えてきたドラマを是非参照して欲しい。

第13章

NTT Comサイバー攻撃事件の舞台裏
「侵入者は対策メンバーのアカウントにもなりすましていた」

NTTコミュニケーションズ
デジタル改革推進部
データドリブンマネジメント推進部門
部門長
水口孝則

NTT コミュニケーションズ データドリブンマネジメント推進部門部門長
水口孝則

社会経済のデジタルシフトが加速している。我々を待ち受けるのは、サイバー攻撃や情報漏えい、フェイクニュースなどのリスクにあふれた未来か、それとも──。

NTTグループは〈トラスト（信頼）〉のあるデジタル社会を目指して、サイバーセキュリティに注力している。業界屈指の実績・スキルを持った人材が数多く在籍し、セキュリティの最前線で日々戦っている。本章以降では、そんな彼ら・彼女たちの取り組みを紹介していく。

第13章に登場するのは、NTTコミュニケーションズの水口孝則。「あらゆる企業・個人がサイバー攻撃の被害に遭う時代」とよく言われるが、NTTグループも例外ではない。2020年春、NTTコミュニケーションズで重大なセキュリティインシデントが発生した。インシデントの舞台裏が明かされることは日本ではほとんどなく、このことが日本企業の危機意識が高まらない要因の1つとも指摘されている。NTTグループにとって痛恨の極みとなった事件の裏側では、どんな活動が行われていたのか。

インシデントの全容解明に全力で取り組んだ1人が、セキュリティ技術者でデータ分析のプロフェッショナルである水口だった。

「スピード感が半端ありませんでした。間違いなく高度なスキルを持ったプロの仕業でした」

2020年5月、NTTコミュニケーションズ（以下、NTT Com）は、重大なセキュリティインシデントに襲われた。社内ネットワークへの侵入を許し、工事情報管理サーバーと社内ファイルサーバーの一部に不正アクセスされたのだ。

最終的に、流出のおそれがあると判明したのは、工事情報管理サーバーの704社に関する工事情報等と、社内ファイルサーバーの188社に影響が及ぶ可能性がある情報――。NTT Comにとって痛恨の出来事となった。

このときデータ分析のプロフェッショナルとして、インシデント調査にあたった1人が、デジタル改革推進部 データドリブンマネジメント推進部門 部門長の水口孝則だ。

水口は、データファーストな企業経営やビジネス判断を推進する組織の責任者。セキュリティ分野でも豊富な経験と高いスキルを有していた。

「長年セキュリティに携わってきましたが、それまでの取り組みの〝集大成〟という感じでした」。そう振り返る水口の体からは、当時覚えた恐怖感が今も消えてはいない。

数秒後には自分の足跡を消し、ラテラルムーブメントする侵入者

新型コロナウイルスの感染拡大防止のため、緊急事態宣言下で迎えた2020年のゴールデンウィーク。NTT Comが不正アクセスを検知したのは、例年とはまったく違うゴールデンウィークがあけた5月7日のことだった。

災害対策室のメンバーでもあった水口の耳にも、その報せはすぐに届いた。まず情報システム部門が中心になって全容解明に動くが、ほどなく情報システム部門から聞こえてきたのは、「見なければならないデータの量が尋常ではない。このままではデータ分析に数カ月かかってしまう」という悲鳴だった。

「関連するデータを全部渡してくれ」。水口のチームは、データ分析役を買って出た。

分析を開始すると、たしかに情報システム部門の言う通りだった。

侵入者は、自分の足跡を消しながら、次のノードへのラテラルムーブメント（横移動）を繰り返していた。このためADサーバー、社内ファイルサーバー、ネットワーク機器など、各担当者が個別にアクセスログを調べるだけでは、その足取り・全容を追うことは難しかった。

さらに驚かされたのは、ラテラルムーブメントの速さだ。あるノードに侵入後、数秒後には自分の足跡を消したうえで、別のノードへと移動していた。つまり、1時間毎、10分毎のアクセスログ保存・ログ調査では、侵入者の行動は明らかにできないということだ。

データ分析のプロフェッショナルによる横断的・総合的な分析が必要だった。

データ分析の多くは、社内の厳格な情報管理の下、水口とチームメンバ数人の手で行った。部下は信頼していたが、従業員のアカウント情報の一部が搾取されていたため、100%信頼するわけにはいかなかったからだ。

実際、侵入者は、インシデント対応メンバーのアカウントへのなりすましにも成功していた。

「対策当初は、我々が調査・対処を行なっている最中もどこまで対処が進んでいるのか、侵入者は探っていたのだと思います」

その攻撃レベルの高さに戦慄を覚えながら、水口は分析を進めていく。侵入者が侵入可能な入り口、侵入後移動可能な〝穴〟を社内のレッドチームと連携してポートスキャン等で虱潰しにしながら、約50種類もの関連データを収集し、紐づけて分析する作業を繰り返し続けた。

「分析したログの容量はおそらく数十TB。様々な社内のシステム・ネットワーク機器、およびサービス関連装置のログを分析しました」

当初、数カ月かかる見通しだったファイルアクセスの分析は、1～2週間で完了したが、次々と被疑サーバ・システムが増え、全容解明には数ヶ月を要した。

Tier 1 ISPオペレータとしての使命感

地元・福井の大学を出て、1993年にNTTへ入社した水口の若手時代は、インターネットの発展とともに成長する日々だったといえるかもしれない。入社まもなく飛び込んだのが、国際インターネットの世界だった。

NTTグループは1997年に国際通信事業に参入するが、水口は国際のインターネットプロバイダの立ち上げから参加した。2000年に買収した米大手通信事業者VerioとNTT Comのネットワーク統合という一大プロジェクトにも携わった。

「Tier 1ステータスのISPになろうという目標のもと、アメリカとアジアのネットワークを統合し、さらにヨーロッパへもネットワークを延伸し世界トップクラスのGlobal Tier 1に成長した」

Tier 1とは、インターネットの全経路情報を自ら入手できる最上位のISPのことだ。T

ｉｅｒ　１のＩＳＰは、世界におよそ10社しかいない。ＮＴＴ　Ｃｏｍは２０００年、アジアのＩＳＰとして初のＴｉｅｒ　１になった。

水口の心の中に「数少ないＴｉｅｒ　１　ＩＳＰであり、日本と世界を繋ぐインターネットのオペレータとしての使命感」が育っていく。

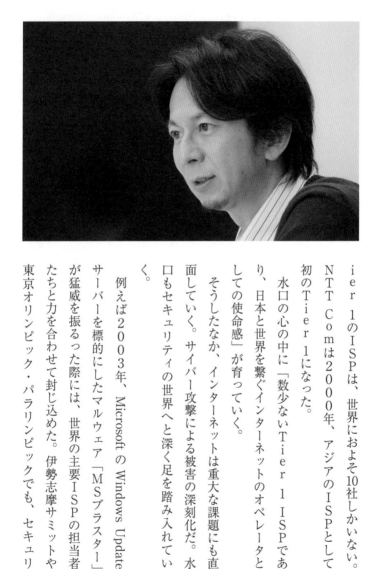

そうしたなか、インターネットは重大な課題にも直面していく。サイバー攻撃による被害の深刻化だ。水口もセキュリティの世界へと深く足を踏み入れていく。

例えば２００３年、Microsoft の Windows Update サーバーを標的にしたマルウェア「ＭＳブラスター」が猛威を振るった際には、世界の主要ＩＳＰの担当者たちと力を合わせて封じ込めた。伊勢志摩サミットや東京オリンピック・パラリンピックでも、セキュリティ対策チームの一員としてその能力を活かした。

水口が特に力を注いできたのはＤＤｏＳ攻撃対策である。ネットワーク運用担当者として、最前線でＤＤｏＳ攻撃を防いできただけではない。国際インターネットの運用のために作ったツールをベースに、トラフィック解析システム「ＳＡＭＲＡＩ」を開発し、２００７年にリリース。また、ＳＡＭＲＡＩを活用しインターネットプロバイダとしてアジアで最初のＤＤｏＳ対策サービスを提供した。

サイバー攻撃との戦いを続けていくうちに、水口のデータ分析力にも磨きがかかっていく。サイバー犯罪者との攻防は〝いたちごっこ〟だ。ある対策を行っても、すぐにサイバー犯罪者は新たな攻撃手法で挑んでくる。

既存の対策では検知できない、新たな攻撃手法の可能性のある不審なトラフィックはないか――。日々トラフィックを注視・解析するなか、水口はデータ分析力を高めていった。

今なお続く恐怖感の理由

水口が今なお、２０２０年のインシデントの恐怖感を抱き続けているのは、いつまた自社で重大なインシデントが発生するかもしれないという恐れからだけではない。

「当時、たしかに我々には脆弱性がありました。しかしセキュリティ対策のレベルが決して低かったわけではありません。今はさらに強化していますが、当時も高いレベルにあったと思っています。にもかかわらず侵入されました。我々だから不正アクセスに気付けたとも思っています。」

水口をはじめ、セキュリティに精通した従業員が数多くいるＮＴＴ Ｃｏｍでもサイバー攻撃を完全に防ぐことはできなかった。では一体、他の一般的な日本企業は、高度なサイバー攻撃を防げているのだろうか。

気付いていないだけで、今このときも数多くの日本企業がサイバー攻撃の被害に遭っている――。水口はその可能性の高さに、恐怖感を抱き続けているのだ。

夢なき者に成功なし

しかも最近は、知らずのうちに〝被害者〟だけではなく、〝加害者〟になっている危険性も高まっている。

セキュリティに関心のある人ならば、数年前に大流行したマルウェア「Ｍｉｒａｉ」を覚えているだろう。Ｍｉｒａｉは、ブロードバンドルーターやＷｅｂカメラなど脆弱なＩｏＴ端末へ次々と感染を広げ、ＤＤｏＳ攻撃の〝実行役〟としてボット化していった。

「意図せず日本の企業がサイバー攻撃に加担してしまい、〝報復〟などに遭うリスクが増しているのです。我々ＩＳＰにも多くの顧客がおり、ウイルス感染等により意図せず〝傭兵〟としてサーバー攻撃に関与していることになります」

Ｔｉｅｒ１ＩＳＰとしての使命を果たすため、水口は今、〝加害者〟にならないための対策にも取り組んでいる。

水口の好きな言葉は、吉田松陰の有名な次の言葉だという。

「夢なき者に理想なし、理想なき者に計画なし、計画なき者に実行なし、実行なき者に成功なし。故に、夢なき者に成功なし。」

かつては「エンジニアとして、ずっと手を動かしていければいいいな」と思っていた。しかし今は、マネジメントに対するやりがいや次の世代へ自分の経験を伝えていく大切さも強く感じている。

「若い世代が夢を持って仕事するための理想や計画を立てていきたいです」。松陰の言葉を胸に、水口はそう力を込めた。

プロフィール

NTTコミュニケーションズ
デジタル改革推進部
データドリブンマネジメント推進部門
部門長

水口孝則（みずぐち たかのり）

1993年 日本電信電話株式会社入社。インターネット業務に携わり、国内ISPサポート、国際インターネット事業の立上げからTier1（NTT.net）に成長するまで、設計・構築・運用業務を担当。NTT ComのR&D組織（技術開発部）にて研究開発業務に携わり、ネットワーク技術、データ分析（トラフィック分析、セキュリティ分析）、Comのデータドリブン経営を目指し、CDO（副社長）のもと全社データドリブン組織の検討PJに参画し、全社のデータドリブン化を推進するデータドリブンマネジメント推進部門の部門長に就任。以来、全社のデータ利活用戦略を策定・推進し、全社でのデータ活用に貢献。

第14章

モバイル空間統計が直面した困難
「ビッグデータのプライバシーを守れ」

NTTドコモ
クロステック開発部
第4企画開発担当　担当部長
セキュリティプリンシパル
博士（工学）
寺田雅之

NTT ドコモ　セキュリティプリンシパル
寺田雅之

豊かな未来を切り拓いていくうえで、データの利活用が重要なカギを握ることに異論をはさむ人はいないだろう。しかし一方で、こんな不安を抱いている人も多いにちがいない。「私たちのプライバシーはしっかり守られるのだろうか」と——。

データ社会において最も大切なことの1つは、プライバシー保護に対する〈トラスト（信頼）〉である。「私たちのプライバシーはしっかり守られている」というトラストなくして、真に豊かなデータ社会は到来しない。

第14章に登場するのは、NTTドコモの寺田雅之。いかにしてビッグデータへプライバシー保護技術を確実かつリアルタイムに適用するかという難問に挑戦した。

解決策が閃いたのは、新千歳空港から羽田空港へ向かう飛行機の中だった。ＮＴＴドコモの寺田雅之は当時、時間を見つけては札幌訪問を繰り返していた。北海道科学大学の教授に転身していた元上司に相談するためだ。

寺田の頭を悩ませていたのは、ウェーブレット変換に関する問題だった。ウェーブレット変換とは、信号処理や画像処理などに使われている周波数解析手法である。寺田は全くの専門外だったが、避けて通れない理由があった。それで周波数解析手法に詳しい札幌の元上司のもとに通っていたのだ。

寺田にとって飛行機の機内は、誰にも邪魔されることなく、集中して思索やプログラミングが行える大切な時間だ。飛行機を降り、ビッグデータへ安全にアクセス可能な環境にたどり着くと、早速Ｐｙｔｈｏｎで

図 14-1 モバイル空間統計による人口マップ。今どこに何人いるのかが、マップ上に色で可視化される
（https://mobakumap.jp/）

書いたプログラムを走らせた。

「すごく速い。これならリアルタイムに処理できる」

モバイル空間統計のリアルタイム化の道が拓けた瞬間だった。

匿名化処理だけでは不十分なプライバシー保護

寺田は、モバイル空間統計の開発で中心的役割を果たした人物だ。

モバイル空間統計とは、NTTドコモの携帯電話ネットワークの運用データを活用した人口統計情報である。携帯電話の位置情報等を用いて、「いつ・どんな人が・どこから・どこへ・何人移動したのか」を推計。日本全国の人の動きを把握できる。

2013年に提供を開始して以来、観光客分析や商圏分析、交通計画、防災計画など、様々な用途に活用されているが、モバイル空間統計にとって最重要といえるのがプライバシー保護である。

モバイル空間統計では、電話番号や生年月日といった個人を識別可能な情報は利用しない。生年月日を年齢層に変換してメッシュごとに人数を集計するなどの統計化を行っている。

図 14-2 現在、どのくらいの訪日外国人がその地域にいるのか、国別に把握することもできる
(https://mobaku.jp/)

だが実は、統計化だけでは、プライバシーの安全性を100％保証することはできない。

例えば、ある地域に80代の男性は1人しか住んでいなかったとしよう。この情報を知っている人が、モバイル空間統計のリアルタイムデータを利用すれば、その男性の行動を把握できてしまう可能性がある。

別の統計データと組み合わせることで、個人を識別できるようになる可能性は、統計化するだけでは完全にはゼロにできないのである。

寺田らは次のステップとして、日本全国24時間365日の人の動きをリアルタイムで提供することを目指していた。

リアルタイム提供するとなると、そうした僅かなリスクがないかを提供前に事前チェックすることは難しい。しかし、個人のプライバシーを侵害することは、絶対にあってはならない。

寺田らは解決策を探した。

プライバシーの安全性を数学的に保証できる「差分プライバシー」とは？

有力候補は比較的すぐ見つかった。「差分プライバシー」という技術である。

簡単に説明すると、差分プライバシーとは、統計データに少量のノイズを加えて、個人に関する情報を推定できなくする技術である。前述の例では、その地域の80代の人物を1人ではなく、0人あるいは複数人に加工し、個人を特定できないようにする。

この差分プライバシーの重要な特徴は、プライバシーの安全性を数学的に保証できる点だ。つまり、プライバシーを保護できない可能性を〝ゼロ〟にできた。

だが実際に、モバイル空間統計に差分プライバシーを適用するとなると簡単ではなかった。

課題の1つは、データの有用性だ。モバイル空間統計は日本全国を500mメッシュ、都心や政令指定都市の市街地については250mメッシュで区切り、メッシュ毎の人口を推計している。単純な方法でノイズを加えれば、人口がマイナスのメッシュが出現したり、日本全国の人口

が実態より増えてしまうなど、データの有用性が低下する。

もう1つは、計算量の問題だった。モバイル空間統計が用いるのは、まさにビッグデータ。負荷の重い計算方法では、リアルタイム提供は到底実現できない。

突破口を模索するなか、寺田はある論文を探し当てた。その論文では、こうした課題の解決にウェーブレット変換が有効であると説明されていた。

ただ、すぐ試してみるも、単純にウェーブレット変換を適用するだけでは、十分には解決できなかった。

差分プライバシーとウェーブレット変換について猛勉強しながら、札幌の元上司を訪ねる日々が始まった。

生涯忘れられない悔しい経験

寺田は若手時代、生涯忘れられない悔しい思いをしたことがある。

ＮＴＴ研究所に所属していた２０００年前後のことだ。寺田は電子チケットや電子決済の研究に没頭し、国際的に高い評価を受けた。インターネット技術の国際標準を策定するＩＥＴＦでも、寺田の研究成果が３つのＲＦＣ（標準技術仕様）として採択された。

だが、電子チケットや電子決済が広く普及した現在、人々が使っているのは寺田の技術ではない。寺田の研究が実用化され、世の中で使われることは結局なかった。

「正直、今でも私の技術のほうが優れていたと思っています」。そう残念がる寺田だが、長い月日が流れ、今ではライバル技術に勝てなかった理由もしっかり理解している。

「あの頃は、トータルでの勝負だということが分かっていませんでした。どれだけ尖った優れた技術であっても、周りが付いてきてくれなければ、うまくいきません。関連技術の状況だったり、利用者にとっての使いやすさも重要です。当時の私は、勝負する土俵を間違えていたのです」

あのときの失敗は繰り返さない――。

リアルタイム化を実現すれば、モバイル空間統計の可能性を一気に広げることができる。しかし、そのためにはプライバシーの確実な保護も含めたトータルで、社会への有用性を確保しなければならない。

「もし、プライバシー保護の観点で微妙なところがあれば、限られた方にしかデータを提供できません」

セキュリティを専門分野の1つにしていた寺田だが、プライバシー保護に関しては「それまで逃げていた」という。プライバシー保護は「ゴールが見えない」。底なしの深さがあるというのが理由だった。差分プライバシーやウェーブレット変換に必要な数学は、寺田がそれまで学んだ数学とは全くの畑違いでもあった。

しかし、もう逃げるわけにはいかない。今度は、勝負する土俵を間違えなかった。

「個人情報保護法のいらない世界」を

モバイル空間統計のリアルタイム提供は、２０２０年に正式にスタートした。広く社会に貢献する機会は早速訪れた。

新型コロナウイルスの感染が拡大した２０２０年。不要不急の外出自粛が政府から要請され、全国の主要都市の駅周辺や繁華街などの人出の把握が重要になった。これに使われているのが、モバイル空間統計のリアルタイムデータである。テレビなどで目にしたことがある人も多いだろう。

モバイル空間統計のリアルタイム活用の真骨頂は、ＡＩとの組み合わせである。寺田が開発をリードしたのは「ＡＩ渋滞予知」だ。約10時間先までの渋滞を予測できる（**図14－3**）。

「実は、差分プライバシーに使う数学と、機械学習に使う数学には共通点が多くあります。機械学習は完全に門外漢だった私がＡＩ渋滞予知を開発できたのは、差分プライバシーに一生懸命取り組んだ〝御利益〟かもしれません」

モバイル空間統計とＡＩを掛け合わせた新サービスの提供が今後も期待される。

寺田が現在目指しているのは、「個人情報保護法のいらない世界」だという。一般の企業・団

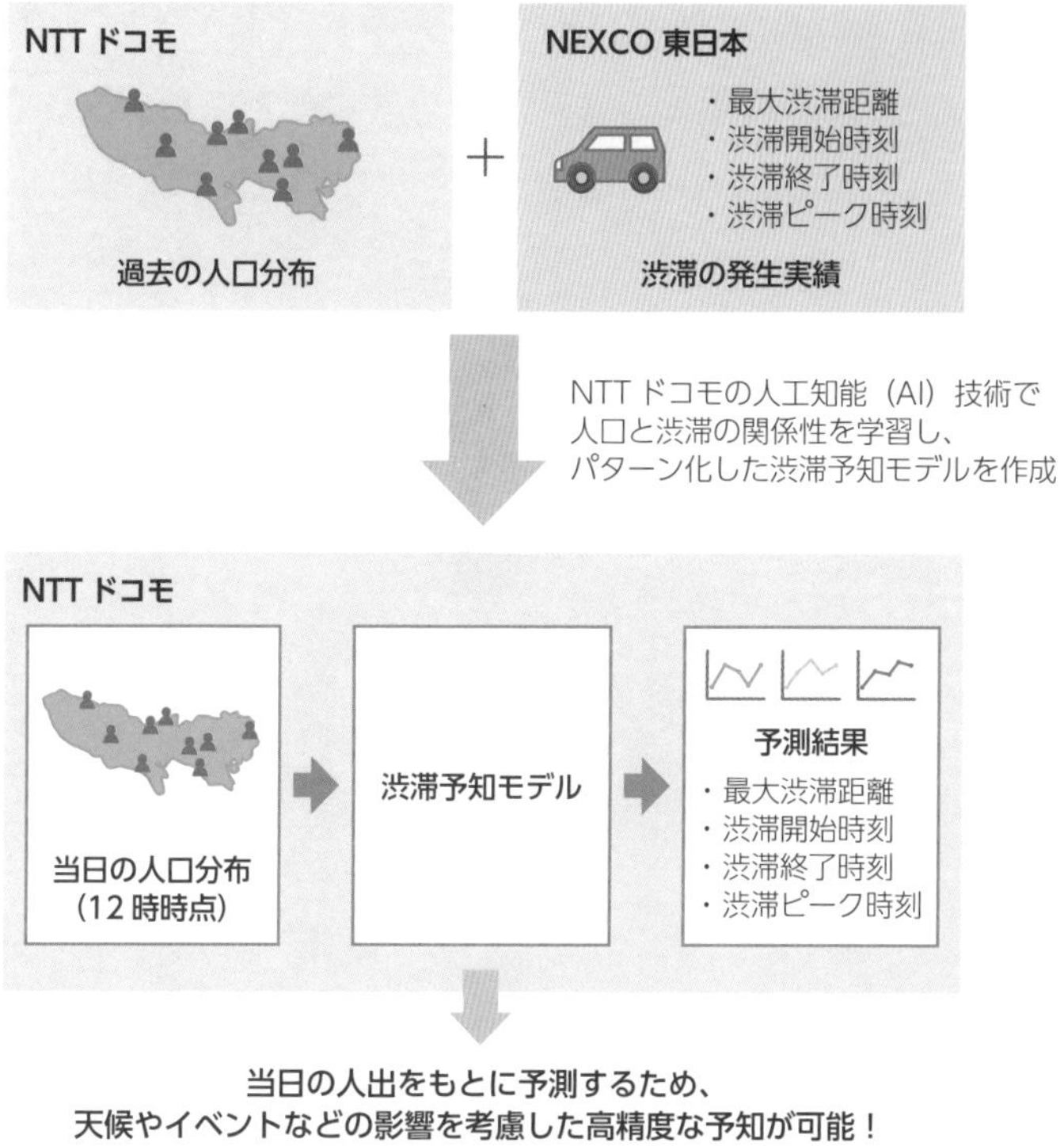

図 14-3 NEXCO 東日本と NTT ドコモによる「高速道路 AI 渋滞予知」の仕組み。
NTT ドコモのモバイル空間統計 リアルタイム版と AI 技術、
NEXCO 東日本が保有する
過去の渋滞実績や交通流に関する知見を掛け合わせ、
お昼時点の人口統計から 14 時以降の 30 分ごとの
予測所要時間などを配信している
（https://www.driveplaza.com/trip/area/kanto/traffic/ai_traffic_prediction.html）

体が苦労しながら個人情報を取り扱わなくても、テクノロジーが自然にプライバシーを保護してくれる世界である。

かつてプライバシー保護は「ゴールが見えない」と考えていた寺田。しかし、そのゴールは少しずつ見えてきているようだ。

プロフィール

NTTドコモ
クロステック開発部
第4企画開発担当　担当部長
セキュリティプリンシパル
博士（工学）

寺田雅之（てらだ まさゆき）

神戸大学大学院工学研究科修士課程修了、NTTを経て2003年よりNTTドコモ。博士（工学）。大規模データに基づく統計を「つくる」技術（モバイル空間統計）、「つかう」技術（AI渋滞予知）、「まもる」技術（秘匿クロス統計）などの研究開発に従事。差分プライバシー技術に早期に着目し、その研究開発により得られた知見をドコモのデータ活用における安心安全の向上に活かすとともに、解説記事の執筆や講演などを通じた啓発活動に取り組む。総務省統計研究研修所特任教授、滋賀大学データサイエンス・AIイノベーション研究推進センター特任教授、情報処理学会理事などを併任。2015年度情報処理学会論文賞、2019年度情報処理学会業績賞、2021年度テレコム先端技術研究支援センター会長賞、2022年度技術経営・イノベーション大賞総務大臣賞など各賞受賞。情報処理学会フェロー。

第15章

NTTのCSIRTで〝定点観測〟する男
その信条は「ギブ&ギブ」

NTT
社会情報研究所
NTT-CERT
（NTTセキュリティ・ジャパン）
神谷造

NTT　NTT-CERT
神谷造

CSIRT（シーサート）というと、発生したセキュリティインシデントへの対応がまず思い浮かぶかもしれないが、CSIRTの仕事はそれだけではない。

NTTグループのCSIRTには、国内外のセキュリティ関連ニュースなどを、じっと〝定点観測〟しているチームがある。公開情報を収集・分析するOSINTのチームだ。同チームを作ったのは、かつてセキュリティ嫌いだった男。いまはNTTのCSIRTの〝顔〟の1人として、社内外から信頼を寄せられている。

〈トラスト（信頼）〉あるデジタル社会の実現に向けて戦うNTTグループのプロフェッショナルを紹介する第15章に登場するのは、NTT－CERTの神谷造だ。

ＮＴＴ－ＣＥＲＴは、２００４年に設立されたＮＴＴグループのＣＳＩＲＴである。ＮＴＴグループ全体のセキュリティ被害の未然防止・最小化を図るため、グループ各社を支援するのがミッションだ。

実際にインシデントが発生した際の対応支援を行うレスポンスチーム、脆弱性情報を収集・分析して配信するチームなど、ＮＴＴ－ＣＥＲＴはいくつかのチームで構成されているが、その１つにＯＳＩＮＴのチームがある。

ＯＳＩＮＴ（Open Source Intelligence）とは、ニュース報道や企業・団体が発表したプレスリリースなどの一般公開情報をもとに情報分析する手法だ。

ＮＴＴ－ＣＥＲＴにＯＳＩＮＴのチームが発足したのは２０１１年のこと。立ち上げたのは、ＮＴＴグループのＣＳＩＲＴの〝顔〟の１人として、日本シーサート協議会などでの対外活動にも積極的に取り組む神谷造である。ＮＴＴ－ＣＥＲＴに加入以前は「セキュリティ組織が嫌いだった」と公言する男だ。

ＯＳＩＮＴで大切なのは「読む力」

サイバーセキュリティ関連のニュースが流れない日はない。重大なインシデントが報道されれ

ば、経営陣などからセキュリティ担当者に「うちは大丈夫か」と問い合わせが飛んでくる。
ニュースなどの一般公開情報を分析するOSINTの必要性を神谷が痛感したのは、こうした問い合わせへの対応を繰り返すなかでだった。
「経営判断に役立つしっかりした回答を、信頼できる一次情報をもとに行うには、普段から相当量の一次情報を収集・分析して蓄積しておく必要があります。でなければ、朝ニュースでインシデントを知った経営層に対して、経営判断を行うために必要な情報を午後一番に提供することは、とてもできません」
神谷が率いるOSINTチームの1日は、毎朝のミーティングから本格的に始まる。メールの確認などを済ませ、9時半になるとミーティングの開始時刻だ。その日の議題や業務連絡を片付けた後は、毎日数十分をかけて行う「レビュー」の時間が待っている。

レビュー（論評・精査）にかけられるのは、ＯＳＩＮＴチームの各メンバーが用意したドキュメントだ。約10名のメンバー全員が、前日午後に収集・チェックしたニュース記事などの公開情報の中から重要と判断した情報をピックアップし、事実を整理・分析してドキュメントにまとめてくる。

神谷自身が１日にチェックするのは、海外のニュースメディアなど30程度の情報ソース。ＯＳＩＮＴのメンバー各自が日々、膨大な公開情報に目を通しているが、大切なのは「読む力」だという。

「情報を〝読む〟ためには、そのバックグラウンドを理解している必要があります。例えば、ＧＤＰＲ（ＥＵ一般データ保護規則）の記事を理解するためには、どんな議論が人権をめぐり行われているのか、どういった組織が人権に関してコンシャスになっているのか、人権や自由な言論のために活動しているカナダ・トロント大学のシチズンラボや米国に本部を置くＥＦＦ（電子フロンティア財団）はどういった組織なのかといった知識が求められます」

そのニュースの出所はどこなのか、一次情報の確認によるファクトチェックも重要である。

ＯＳＩＮＴのメンバーが毎日書くドキュメントは、レビュー後にデータベースへ格納される。

このメンバー各自の知識とファクトチェックに裏打ちされた事実の連なりをベースに、「いま何が起きているのか」を月次・年次のレポートとして執筆・配信するとともに、経営判断に資するインテリジェンスを迅速に提供するのが、OSINTチームの役割である。

神谷は、OSINTチームの仕事を「定点観測」と呼ぶ。膨大な一般公開情報を定点観測することで、初めて浮かび上がるインテリジェンスがある。OSINTは元々、国家安全保障の世界で使われていた情報分析手法だ。

セキュリティ組織の人間は可哀そうすぎる

NTT-CERTへの加入前、神谷はブロードバンドサービス向けシステム開発のプロジェクトマネージャーなどをしていた。つまり、セキュリティ担当者から、セキュリティ上の問題点や懸念点を指摘される側だった。

「もっと言い方があるだろ、などとムカついていました（笑）。セキュリティが嫌いというより、セキュリティ組織の人間が嫌いでした」

そんな神谷にセキュリティ組織であるNTT-CERTへの異動の辞令が出る。「堪らんな……」。神谷は最初そう落胆したという。

ＮＴＴ－ＣＥＲＴに入って、まず担当したのは脆弱性情報の配信業務だった。脆弱性情報を収集し、その影響度合いを判断したうえで、グループ各社へ配信する。セキュリティ上の問題点を指摘される側から、指摘する側になった。

「ＮＴＴ－ＣＥＲＴの一員となって感じたのは、セキュリティ組織の人間は可哀そうすぎるということでした。自分もムカつくと思っていたわけですが、良いことをしているのに恨まれる。これは一体どういうことだと」

プロジェクトマネージャー時代、神谷はセキュリティを決して軽視していたわけではない。その重要性は当然しっかり理解していた。ただ、開発リソースが限られているなか、指摘された問題に対応するためには、作業工程やリソース配分などの見直しに頭を悩ま

せる必要があった。また、自分たちが作っていたシステムの欠陥を咎められたような気もした。思い返せば、その怒りの矛先がセキュリティ組織に向かっていた。

両方の立場を経験した神谷は、とにかく相手を咎めないこと、とにかく丁寧にセキュリティ上の問題を伝えることを心がけて業務に取り組んだという。

最初は嫌だったセキュリティ組織への異動。脆弱性情報の配信業務を2年ほど担当する間に、神谷はセキュリティの仕事にすっかりのめり込んでいた。

NTT－CERTは「恵まれている」

神谷がいま一番のやりがいを感じている仕事の1つは、月3～4回程度行っているセキュリティ動向などに関するプレゼンテーションだ。自分の見解を存分に話せる機会だからである。

実は、OSINTのチームが毎日書き、データベース化しているドキュメントは、事実のみを記すことを原則としている。つまり、自らの意見や予想は書かない。

なぜなら、そうした「見解」は、デジタルの世界では、どうしても独り歩きしがちだからだ。予測や誤読による誤解が「事実」となって独り歩きし、かえって混乱を招く可能性がある。

「しかしプレゼンは、対話の場ですから、自分の見解をフルで話します。それで『神谷、その見解は間違っているよ』などとやりとりが始まると、もう痺れるくらい楽しいですね。お互いにコミュニケーションを取った結果の成長だからです」

ＮＴＴグループ内だけではなく、社外でプレゼンする機会も多い。日本シーサート協議会では、ワーキンググループの主査も務める。海外のセキュリティ団体とも交流している。神谷が、こうした社外活動に力を入れるのは、自身が非常に恵まれた環境にあることを知ったからでもあるという。

「ＮＴＴ－ＣＥＲＴは恵まれています。日本企業は優れた企業ばかりですが、十分なリソースが得られているセキュリティ担当者は多くありません。対して、ＮＴＴ－ＣＥＲＴは十分なリソースが与えられています。ですから、恵まれている私たちは、〝ギブ・アンド・ギブ〟でなければならないと考えています。私のノウハウや知識で、日本のセキュリティレベルの底上げに貢献するんだ、という気持ちで社外活動に取り組んでいるのです。〝ギブ・アンド・テイク〟なんて、つまらないことは言いません」

セキュリティ業界で名を上げることが目的でもない。神谷がＮＴＴ－ＣＥＲＴに入ったとき、当時のリーダーからは、こう言われたという。

「名前が売れているうちは、まだまだセキュリティエンジニアとして一流ではない。君の能力が高まり、インシデントを未然に防げば防ぐほど、評価されなくなるのがセキュリティの仕事だ。なぜならインシデントが起きなくなるからね――と。当時はずいぶん浮世離れした仕事なんだな、と思いましたよね（笑）」

セキュリティの世界には、非常に大きな成果をあげながら、それに見合う評価を得られていない人が大勢いる。セキュリティの世界だけではない。オープンソースソフトウェア（OSS）の世界もそうだ。「ほとんどの人は、OSS開発者には何も報いず、利用するだけ。にもかかわらず、脆弱性が発見されると『すぐ対処しろ』と文句を言うわけです」

こうした人々がきちんと評価され、十分なリソースを確保できるよう、ギブ・アンド・ギブの活動を続けていくのが、恵まれた環境にいる自分の責務だと考え

ているという。

インターネットの自由も定点観測

神谷が自分の役割と思っていることは、もう1つある。インターネットの自由と規制のバランスを守っていくことだ。

神谷は、インターネットの草創期を支えた世代の薫陶を受けてきた。彼らがインターネットの根幹として、何より大切にしてきたのは「自由」である。

サイバーテロのリスクも増大するなか、規制強化も必要というのが神谷の考えだ。「しかし今後おそらく、規制が行き過ぎるときがやってくるでしょう。そのとき、逆の力を働かせていく役割を担っていくのが私の役割だと思っています」

セキュリティの世界でいま何が起きているのか、インターネットの自由と規制のバランスは崩れていないか——。神谷はこれからも定点観測を続けていく。

プロフィール

NTT
社会情報研究所
NTT-CERT
（NTTセキュリティ・ジャパン）

神谷造（かみや いたる）

NTTセキュリティ・ジャパン 主任研究員

1995年NTTソフトウェア研入社。NTTコムウェアで開発業務従事後、2004年よりNTT-CERTのメンバに。以降、同組織で脆弱性管理、インシデントレスポンス、監視系の構築、対外連携の窓口、情報配信業務を経験する。また社内外でセキュリティ文書関連のコミュニティを運営し、セキュリティリテラシの底上げに貢献する。休日は自治会活動に従事、なお自治会でもCSIRT活動が要求されることが多くなっている。

第16章

「本当は取材を受けたくなかった」

NTT東日本グループの〝セキュリティ検査官〟の22年

NTT－ME
ネットワークビジネス事業本部
サイバーセキュリティセンタ
セキュリティ企画部門
リスク管理担当　担当課長
大湊健一郎

NTT-ME　セキュリティ企画部門
大湊健一郎

〈トラスト（信頼）〉あるデジタル社会の実現を目指して、NTTグループはセキュリティ人材の育成強化に取り組んでいる。その一環として実施しているのがセキュリティ人材のグループ内認定制度だ。認定者数は5万人を超えるが、そのうち約90名しかいないのが「上級」の認定者である。「業界屈指の実績」を有することが、上級取得の条件。

第II部では、そんな上級セキュリティ人材の取り組みを紹介しているが、第16章に登場するNTT-MEサイバーセキュリティセンタの大湊健一郎は、NTT東日本グループのセキュリティの「検査官」であり「監査官」。NTT東日本グループのインターネットに接続されている全てのWebサイトや業務システムの検査などを担当している。

ＮＴＴ東日本グループは約90の組織で構成され、インターネットにつながったＷｅｂサイトや業務システムが数多くある。

これらのシステムや組織に、セキュリティ被害の「芽」となりうる脆弱性は潜んでいないか——。その検査・監査業務の「実行部隊」を率いているのが、ＮＴＴ－ＭＥサイバーセキュリティセンタの大湊健一郎だ。


大湊は最初、「線路屋」だった。デジタル社会に不可欠なものは何か。地下道や電柱・鉄塔など、通信局舎の外に張り巡らせられた無数の通信ケーブルをはじめとする通信設備、すなわち「線路」も絶対欠かせないインフラの１つである。この線路の建設・運用保守・研究開発などに従事するのが線路屋だ。

大湊がＮＴＴに入社したのは１９９７年のこと。当時、光ファイバーケーブルを用いるＦＴＴＨ（Fiber To The Home）への期待が高まっていたが、一般家庭向けの提供はまだ始まっていなかった。

「通信設備を直接作る側として、ＦＴＴＨのような常時接続の超高速インターネットの一翼を担いたかったのです」。大湊はNTTグループへの入社理由をこう語る。

線路系の部門への配属は、まさに希望通りだった。

「線路屋」から「セキュリティ屋」へ

「人前で話すのは苦手。こういう取材も今回がほとんど初めてです」

そう自身について説明する大湊は、言葉を丁寧に選びながら話す。よく使う言葉の1つは「直営」だ。

自分の手で直接作る、自分の足で直接動く、自分の頭で直接考え抜く——。物事を自ら直接営むことに、とにかくやりがいを感じる。

望みをかなえて通信設備の建設部門に配属された

大湊だったが、実際に働き始めて知ったのは、「直営工事はほとんどないんだな」ということだった。

「私が配属されたとき、現場仕事を直接担当する部署はすでに本当に少なくなっていました。多くを通信建設会社さんにアウトソースしていたからです」

大湊もほどなく現場系から管理系の部署に異動する。入社から3年、線路を自分の手で直接作っているという実感が薄れてきた頃、巡ってきたのが新設されるセキュリティ組織へ参加するチャンスだった。

２０００年、中央省庁のＷｅｂサイトが次々と改ざんされる事件などが起こり、セキュリティ対策への関心が一気に高まる中、当時のＮＴＴ東日本の経営層はセキュリティ専門チームの立ち上げを決定。「パソコンに詳しい奴」である大湊にも声がかかった。

「ゼロからのスタートですから、自分たちで直接やらないといけない仕事ばかりのはずです。『面白そう、やるか』と思いました」

集まったメンバーは、それまで所属していた部署は実に様々。セキュリティに詳しいメンバーもいれば、大湊のようにセキュリティ業務に携わるのは初めてのメンバーも数多くいた。

そんなごった煮のようなチームで、すべてをゼロから立ち上げていかなければならない。直営マインドの大湊にとっては理想の職場だった。

「立ち上げ屋」として尽力

2000年というと、インターネットの勃興期だ。「NTT東日本社内にも、インターネットにどんどん親しんでいこうという空気がありました」と大湊は振り返る。インターネットへの期待があふれ、様々なチャレンジが始まっていた。

一方、課題もあった。セキュリティに関して、現在と比べると相当に牧歌的だったことだ。いろいろな部署がインターネットにつながるサーバーを自分で立てていたが、セキュリティのことをあまり考慮せずにサーバーを立てているケースも少なくなかった。「Telnetのポートが普通に開いていて、外部から簡単に接続できるサーバーもたくさん見つかりました」という。

幸いインシデントにはつながっていなかったが、組織的にセキュリティ被害を未然に防止する仕組みを整備しなければ、いずれ大事故につながりかねない。

「当時のメンバー全員で端から全部、1つ1つ順番に取り組んでいきました」。立ち上がったばかりのセキュリティ専門チームは、すぐさま山積する問題に取り組み始めた。大湊自身が担当したのは、例えばインターネットに接続されたシステムの各種セキュリティ調査や、その検査・監

査のための基準策定などだ。
NTT東日本での組織的なセキュリティ運用が軌道に乗り始めて数年後の2008年、大湊はNTT持株配下のCSIRT、NTT-CERTへ異動した。
2004年設立のNTT-CERTは、日本のCSIRTの草分け的存在の1つ。NTTグループ全体を支援する役割を担っている。大湊はNTT-CERTにおいて、グループ各社のインシデント対応の支援体制の立ち上げ、セキュリティ製品評価の立ち上げ、NTTグループ内への緊急性の高い脆弱性情報の配信業務の立ち上げなどに尽力した。
自分を一言で表してほしいとの問いに対し、大湊は「セキュリティのジェネラリスト」と答える。「その都度、その時代に求められるセキュリティに携わってきました」

セキュリティを守るための様々な仕組みや基準などを、大湊は自らの手で作ってきた。その結果として、幅広いセキュリティ業務に通じるジェネラリストになっていた。

1つ1つ丁寧に

多岐にわたるセキュリティ業務に関わってきた大湊だが、2000年にNTT東日本のセキュリティ組織に参加して以来、そのキャリアの大きな軸となってきたのは、脆弱性などを調査・診断するセキュリティ検査である。

2014年、大湊はNTT-CERTから古巣のNTT東日本へ戻り、インターネットに接続されたWebサイトや業務用システムのセキュリティ検査の主管を担当した。セキュリティ検査業務全体のガバナンス、そして検査で発見された脆弱性等の問題に対して、適切なアクションをとっていくことが主管の役割である。

また、新たな情報システムの開発前に、セキュリティの確保のための制御や機能等が事前に計画されているかチェックを行う業務も大湊の管理領域だった。

この時期、大湊が立ち上げたことの1つに経営会議へのセキュリティ検査結果の報告業務がある。検査で見つかった脆弱性などについて経営陣へ報告するわけだが、事業への影響度や攻撃の容易性をマトリックス化して報告する点が特徴だ。

経営陣が判断しやすいように、例えば、個人情報漏えいにつながり得る脆弱性を「高リスク」や「中リスク」に分類。中リスク以上であれば「すぐ対処しよう」、低リスクであれば「計画的に対処していこう」とし、是正措置の徹底を推し進めた。

大湊は「1つ1つ」というフレーズをよく使う。地道に1つ1つ対処していくのが大湊の流儀だ。ただ、大切なポイントは、その1つ1つとはきちんと優先順位付けがなされた1つ1つだということだ。「全部一律に『いつまでに直せ』みたいなのは違うと思っています」。そして、優先順位が高くない課題にも1つ1つ丁寧に対応していく。

大湊によると、低リスクと分類した脆弱性に対しては、実際に修正作業を行うシステム主管部門の担当者から、こんなふうに対応されることもあるという。「低リスクだから対処しなくてもいいでしょ」

そんなときも、根気よく対処の必要性を説明していくのが大湊だ。

「未然防止力」をもっと広く社会に

２０２０年に大湊はＮＴＴ－ＭＥのサイバーセキュリティセンタに異動し、検査・監査の実行部隊のリーダーへと役割を変えた。

２０１４年に大湊がＮＴＴ東日本グループへ戻ったとき嬉しかったのは、２０００年から大湊たちがゼロから作ってきた仕組みの多くが残っていたことだった。

大湊がセキュリティに携わり出してから22年、ＮＴＴ東日本グループでは重大なセキュリティインシデントは起きていない。多くの仲間とともに、セキュリティ被害の未然防止に貢献することができたとの思いがある。

今、大湊が力を入れていることの１つは、セキュリティ検査をはじめとする、ＮＴＴ東日本グループの「未然防止力」をより広く提供していくことだ。ＮＴＴ東日本グループの顧客向けセキュリティサービスに関するミッションも、大湊は担い始めている。

「将来、お前が後輩にやってあげろよ」。大湊はこれまで数多くの先輩に助けられてきたというが、感謝の気持ちを伝えると、ほぼ必ずこんな言葉が返ってきた。

「本当は取材を受けたくなかった」。今回の取材を引き受けたのも、後輩からの頼みだったからであり、後輩たちに何かを残すことができるかもしれないと考えたからだ。

セキュリティの現場では日々、新しい脅威が生まれており、前例のない新しい課題にも挑む必要がある。大湊は直営マインドで新たな課題に立ち向かってきた。

セキュリティに終着駅はないが、終着駅を目指して線路を作り続けなければ、途端に大きな被害にのみ込まれかねない。線路屋としてキャリアをスタートした大湊は、今も線路を作り続けている。

プロフィール

NTT－ME
ネットワークビジネス事業本部
サイバーセキュリティセンタ
セキュリティ企画部門
リスク管理担当　担当課長
大湊健一郎（おおみなと けんいちろう）

セキュリティの業務に着任した当時、兎にも角にも本や情報を読み漁り、様々な集まりに飛び込み、職場でも家でも手を動かし、仕事とプライベートの境目がなかった日々でした。様々な方々と出会い助けられ、様々な仕事に携わり、様々な事案に対峙し、いまに至ります。多くの仲間たちと、脅威やリスクに瞬発力よく対峙しつつ、将来の安心安全に繋がるセキュリティをお客さまに提供することで被害未然防止に繋げていきたい。そんな気概で、日々励んでいます。

第17章

NTTテクノクロス土屋直子は、ISO／IEC27000の国際標準化の舞台にどのようにして立ったか？

NTTテクノクロス
セキュアシステム事業部
第三ビジネスユニット
テックリード
土屋直子

ＮＴＴテクノクロス　セキュアシステム事業部
土屋直子

〈トラスト（信頼）〉ある企業活動の継続には、情報セキュリティ管理体制の確立が欠かせない。国内においては、ＩＳＭＳ認証を取得する企業が６０００社を超え、現在も増え続けている。情報セキュリティ管理に関する国際規格であるＩＳＯ／ＩＥＣ２７００１を満たしている組織を認証する仕組みがＩＳＭＳ認証制度だ。さらにＩＳＭＳ認証のアドオン認証であるＩＳＭＳクラウドセキュリティ認証にも大きな注目が集まっている。

ＮＴＴグループのセキュリティのプロフェッショナルを紹介する第17章に登場するのは、情報セキュリティの国際規格のエキスパートだ。ＮＴＴテクノクロスの土屋直子は、ＩＳＭＳクラウドセキュリティ認証取得のコンサルティング業務の傍ら、ＩＳＯ／ＩＥＣ２７０００シリーズの国際

標準化の舞台で活躍している。

初めて参加する国際会議の会場は、稀にみる白熱した議論で沸いていた。

開催地はニュージーランド・ハミルトン。先住民族マオリの村がかつて多数あったというこの地で、ＩＳＭＳの国際規格の１つ、ＩＳＯ／ＩＥＣ２７００２の改定に向けた議論が真っ二つに割れたのだ。

「凄く面白かったです」。ＮＴＴテクノクロスの土屋直子は、初の国際会議の会場で興奮していた。

ＩＳＭＳ（Information Security Management System：情報セキュリティマネジメントシステム）は、組織が情報セキュリティを管理するための枠組みだ。そして、このＩＳＭＳをはじめとする情報セキュリティのための国際規格群がＩＳＯ／ＩＥＣ２７０００シリーズである。

その１つであるＩＳＯ／ＩＥＣ２７００２は、ＩＳＭＳ実践のためのベストプラクティスを提供する規範（ガイドライン）。数あるＩＳＯ／ＩＥＣ２７０００シリーズの中でも「とてもメジャーな規格なので、国内の会議でも、みなさん凄く熱のこもったコメントをたくさん出してきます」と土屋は言う。

国際会議となれば、なおさら議論は沸騰しがちだが、この日はとりわけ特別だった。

真っ二つに意見が割れたのは、ISO／IEC27002の目次構成をめぐってだった。最終候補に残った2つの案それぞれの支持者間で激しい議論が交わされた末、実施された決選投票での得票数もまったくの同数に。結局、次回の国際会議へと決着は持ち越されることになった。

「今から思えば、片方の案はかなり極端なものだったのですが、もの凄く論理性のある説明で、『確かにその通りだな』と思わせる説得力があったんですよね。国際会議では、各国が自国の案を持ち込み、より多くのコメントが採用されるように英語で説明します。いかに論理的で説得力のある説明が大事か——。国際会議の大変なところであり、非常にやりがいのあるところです」

土屋は、初めての国際会議で、国際標準化の仕事の醍醐味を肌で実感していた。

もう1つの本業はクラウドセキュリティ認証のコンサルタント

ＩＳＯ／ＩＥＣ２７００２をはじめ、複数のＩＳＯ／ＩＥＣ２７０００シリーズの国際標準化で活躍している土屋。この仕事は、会社や周囲から与えられたものではない。自ら掴んだ仕事だった。

大学卒業後、ＮＴＴソフトウェア（現ＮＴＴテクノクロス）に入社した土屋が最初に配属されたのは、セキュリティアプリケーションを開発する部署だった。その部署で約2年を過ごした後、異動したのがＩＳＭＳなど情報セキュリティのコンサルティングを担当する部署。以来、一貫してＩＳＭＳ認証（ＩＳＯ／ＩＥＣ２７００１）取得支援や情報セキュリティマネジメントのコンサルタントとして活動しているが、近年、主に担当しているのはＩＳＭＳクラウドセキュリティ認証（ＩＳＯ／ＩＥＣ２７０１７）の取得支援だ。

ＩＳＭＳが情報セキュリティ管理全般を対象にした認証制度なのに対して、ＩＳＭＳクラウドセキュリティ認証はその名の通り、クラウド分野に特化した認証制度である。

クラウドサービスを提供している事業者およびクラウドサービスを利用している組織を対象に、ISO／IEC27017で規定されたクラウド分野のセキュリティ対策の要件をしっかり満たしているかどうかを審査して認証する。ISO／IEC27017の国際標準化が完了したのは2015年。国内では2017年に認証制度がスタートし、約300社が取得している。ISMS認証をすでに有していることが、ISMSクラウドセキュリティ認証取得の必須条件だ。

「政府もクラウドファーストを掲げるなか、ISMSクラウドセキュリティ認証が入札条件の1つとなるケースや、顧客から認証が求められるケースも増えており、取得企業は右肩上がりに増加しています」

本認証を取得するためには、クラウドセキュリティに関するリスク評価、従業員研修、内部監査などを実施する必要があるが、企業が自身で実施することが難しい場合は、コンサルタントに委託することも多い。

このようなコンサルティングサービスを提供する企業は少なくないが、NTTテクノクロスの特色は「手厚いサポート」だという。国際標準化に携わっている者ならではの規格の豊富な知見をベースに、その企業の詳細な状況をISO／IEC27017の要件に当てはめ、その企業にとって最適となる対応方法を提案している。具体的には、保つべきセキュリティレベルと企業にとってのコストや運用負担のバランスを取って、何が最善の提案かを常に考えている。

このようにコンサルタントとしても活躍する土屋に、標準化に関わるきっかけをもたらしたのは、現在の主業務であるＩＳＭＳクラウドセキュリティ認証の国際規格ＩＳＯ／ＩＥＣ２７０１７だった。

国際標準化との出会い

大学時代は、国際社会学を専攻していたという土屋。「アメリカのマイノリティの差別や不平等などについて勉強していました」

いつか国際関係の仕事に携わりたいとの思いは社会人になってからも消えず、学生時代から好きだった英語の勉強をコツコツと続けていた。

そうしたなかチャンスを運んできたのが、ＩＳＯ／ＩＥＣ２７０１７を和訳する仕事だった。

「経済産業省の委託プロジェクトの仕事でした。日本のクラウドセキュリティ監査制度の基本となるクラウド情報セキュリティ管理基準を、新たに策定されたＩＳＯ／ＩＥＣ２７０１７に準拠するための改訂プロジェクトです。このプロジェクトのメンバーとしてこの国際規格の英文の和訳を担当しました」

この和訳が、クラウド情報セキュリティ管理基準改訂プロジェクトの中心的な役割を担ったISO委員や、他のISO／IEC27000シリーズのISO委員の目にもとまった。「標準化活動と親和性のある和訳だったのだと思います」

国際規格であるISO／IEC27000シリーズの日本版規格は、日本規格協会（JSA）のJIS原案作成委員会で作成されるが、ISO委員の多くがJIS原案作成委員会の委員を兼任している。

「ISO／IEC27017のJIS化に携わりたい」。そう意を決した土屋は、クラウド情報セキュリティ管理基準改訂プロジェクトの中心的な役割を担ったISO委員に「えいやっ」とメールを送信する。

「すると『僕からクラウドセキュリティのJIS原案作成委員会の委員長に紹介しておきますね』とすぐにお返事が返ってきたんです」

これまでの英語のスキルアップやセキュリティに関する知識習得の積み重ねがJIS原案作成委員会でも着実な成果として有識者に理解され、さらにこのような土屋の自発的な行動により2016年にISO／IEC27000シリーズのISO委員となった。

ISO委員としての活動は、最初は国内委員会の参加のみだったが、国際会議にコメントを提出するようになると、国内委員会内での存在感を高めた。「『土屋さんのコメントは国際会議で有効だったよ』などと国際会議に行った方からは言ってもらえて、『自分も国際会議に行ってみたいな』と思うようになりました」

そして、初めて国際会議に参加したのが2017年のニュージーランドでの会議だった。新型コロナの感染拡大以降、オンライン開催へと変わったが、土屋は日本代表の1人として、ISO／IEC27002やISO／IEC27017、サイバーセキュリティに関する国際規格であるISO／IEC27100などの標準化に携わり続けている。

tomorrow is another day

土屋が標準化活動やコンサルティング業務において心がけていることがある。

「その提案は、利用者や顧客にとって本当に役立つものなのか――。この軸だけは、ぶれてはいけないと思っています」

標準化の会議は、様々な関係者の思惑が交錯する場でもある。仮に、セキュリティの国際規格で、ある特定のソリューションが推奨されれば、関連ソリューションを提供するベンダーは利益を得ることができる。

「標準化活動では、ユーザーにとって本当に役に立つ規格にしていくことが大切です」

情報セキュリティマネジメントのコンサルタントとして、土屋はユーザー企業の声を長年じかに聞いてきた。その声を「規格に反映していく」ことが自身に課している役割の1つだ。

土屋が耳にしてきた声の中にはコンサルタントへの批判もある。「コンサルティング業者が儲けるため、わざと規格の文書は難しくなっているのではないか」という批判だ。

「確かに一般ユーザーには、凄く分かりにくいのが現状です。規格を作る側として、この壁を乗り越えていきたい。コンサルタントが不要になるくらい、分かりやすい規格作りに貢献していきたいです」

土屋が好きな言葉がある。「tomorrow is another day」――。映画『風と共に去りぬ』の最後のセリフとして有名な言葉だ。

「明日、また頑張ろうと前向きになれる言葉で、とても好きなんです」

英語の勉強をはじめ、努力を積み重ねることで、土屋は国際標準化の舞台での活躍というanother dayに出会った。

今、土屋が思い描くanother dayの1つは、一般ユーザーにも分かりやすいISO／IEC27000シリーズが実現した明日である。

そして、もう1つのanother dayは、「国際会議の場で、いなくてはならない存在として、海外の専門家からも、真に頼られる国際エキスパートとなる

こと」。

努力していれば、きっと今日とは違う明日が来る——。そんな気持ちで土屋は今日も前を向いて歩く。

プロフィール

NTTテクノクロス
セキュアシステム事業部
第三ビジネスユニット
テックリード

土屋直子（つちや なおこ）

2002年よりISMSなどのセキュリティマネジメントコンサルティング、2015年よりクラウドセキュリティコンサルティングに従事。2016年よりISO/IEC JTC1 SC27 WG1にて、ISO標準化活動に参加し、国際エキスパートとして、ISO/IEC 27002:2022改訂活動に携わった。2023年度標準化貢献賞受賞（情報処理学会 情報規格調査会）。

第18章

ISMS認証の表も裏も知る男

NTTグループで始まった情報セキュリティの抜本的改革に挑む

NTTコムウェア
技術企画部
マネジメントシステム部門
マネジメントシステム担当
セキュリティコンサルタント
木村歳修

ＮＴＴコムウェア　セキュリティコンサルタント
木村歳修

新ドコモグループの一員として、新たなスタートを2022年1月に切ったNTTコムウェアに、ISMS認証の表も裏も知る男がいる。20年前にNTTコムウェアでのISMS認証取得に携わってから情報セキュリティ一筋。現在ではISMS主任審査員及びISMS研修講師として全国の企業を訪れるという別の顔も持つ。

〈トラスト（信頼）〉あるデジタル社会の実現に向けて奮闘するNTTグループのプロフェッショナルを紹介する第18章で登場するのは、NTTコムウェアの木村歳修だ。ISMS認証の表も裏も知る男は今、20年振りの情報セキュリティポリシーの抜本的改革という大一番に挑んでいる。

NTTコムウェアの木村歳修は〝別の顔〟として活動するため、年20日ほど休暇をとる。約10日は、ISMS主任審査員として活動するためだ。

「ISMS適合性評価制度」は、ISMS（情報セキュリティマネジメントシステム）に関する国際規格である「ISO／IEC 27001」に準拠した「情報セキュリティの管理の仕組み」を備えている組織を認証する制度である。情報セキュリティが重大な経営リスクとなった現在、日本では大企業を中心に6000を超える組織がISMSの認証を取得している。

ISMS主任審査員の役割は、このISMS認証の取得・維持をめざす組織の審査を行い、ISO／IEC 27001の要求事項に適合しているかを評価することだ。木村はこれまで約50組織・150件の審査を担当してきた。審査リーダーとして一度担当した組織は3年間、全国の拠点を審査しながら見守り続ける。ISMS主任審査員の資格保持者は、日本全国でわずか約250名。専業で従事する審査員も多い。

あとの約10日は、セミナー講師として演台に立つためだ。ISMSの審査員を対象とした研修や一般企業向けISMS研修会の講師などを長年にわたり務めている。

〝表の顔〟もISMSである。木村は、NTTコムウェアの初代ISMS推進室の4名のメンバーの1人として、同社の情報セキュリティポリシー策定とISMS認証取得を担当した。NT

Tコムウェアが社をあげてISMS認証を取得したのは2003年。NTTグループでは2番目の早さだった。

つまり木村は、審査側と取得側の両方の立場を知る、ISMSの表も裏も知る男――。

そう指摘すると、木村はこう返した。「表の顔として、これまで約30社80案件のISMS認証取得支援サービス等のセキュリティコンサルタントとしても活動していましたから、受審側、審査側及びコンサルティングの3つの立場からISMSに関わってきたことになりますね」

とにかく、様々な面からISMSを知る第一人者の1人ということだ。

無から迅速に情報セキュリティポリシーのひな形を策定

情報セキュリティの道に足を踏み入れたとき、木村は30代半ばを迎えていた。今から20年以上前2000年頃のことだ。

日本の情報セキュリティにとって、2000年は転機の年となった。中央省庁のホームページ改ざん事件が相次いで起こり、情報セキュリティ強化の機運が一気に高まったのだ。

「NTTグループでも、グループ各社に対して、情報セキュリティポリシー策定の指示が出ました」と木村は振り返る。

ただ2000年といえば、「情報セキュリティ」という言葉すら、ほとんど耳にすることがなかった時代である。「現在では考えられないですが、当時のパソコン向けOSであるWindows 98は、ID／パスワードの入力なしに起動できました」

そんな情報セキュリティの黎明期、急に情報セキュリティポリシーの策定を求められても、対応できるグループ会社はそう多くはない。

「情報セキュリティポリシーの策定を手伝ってもらえないか」。当時、木村が在籍していたIT商品本部には、こんな相談が持ち込まれることになる。この依頼に、たまたま対応することになったのが木村だった。

1988年に新卒でNTTに入社以来、電話交換機の保守、マルチメディアシステムの開発など、様々な業務を担当してきた木村だったが、情報セキュリティに関する業務経験はなかった。だが、同じ部署の他のメンバーも同様だった。

一から情報セキュリティに挑み始めた木村。情報セキュリティポリシーって何?というところからのスタート。当時国内には情報が少なかったことから先進的な欧米の事例を参考にすべく、探し出した英語の専門書をデスクに積み上げ、辞書を片手に翻訳しながら、NTTグループ企業の特性に合った情報セキュリティ方針と情報セキュリティ対策基準のひな形をわずか3日間で創出した。

NTTの実情を踏まえたポリシーのひな型は高評価を得た。大仕事をやり遂げた木村は、この経験を活かして「情報セキュリティポリシー策定支援サービス」を立ち上げ、NTTグループ会社や行政機関・一般企業向けにもポリシー策定サービスを展開することとなった。

好きな言葉は「人間万事塞翁が馬」だという木村。人生では、何が幸せに、何が不幸に転じるのか、それが起こったときには分からないのだから、安易に喜んだり悲しんだりするべきではないということを説いた故事だ。

30代半ばにたまたま巡り合った情報セキュリティの仕事。これを機に、木村は情報セキュリティのスペシャリストとしての人生を歩み始める。

情報セキュリティ講義で毎回話すこと

20年以上にわたり情報セキュリティの専門家として活動してきた木村が講義で毎回話すことがある。

「保護すべき情報を守るために情報セキュリティ対策が必要なのであって、保護すべき情報がなければ情報セキュリティ対策は必要ありません。つまり、まずは機密情報や個人情報などの保護すべき情報と、その情報を守るうえでの脅威を洗い出すリスクアセスメントが大変重要です。このリスクアセスメントを行ったうえで、最適な対策を導き出していく必要があります」

ところが、木村がＩＳＭＳ主任審査員として見てきた組織の中には、ＩＳＭＳ認証の取得を優先し、保護すべき情報を守るための仕組み作りがおろそかになっている組織も少なくないという。

「詳細なリスクアセスメントが基本」というのが従来のＩＳＭＳの考え方だったが、木村によれば、「最近の流れは、毎回イチから詳細にリスクアセスメントするのではなく、ベースとなる管理策を原則すべて適用し、組織レベルの上位のリスクアセスメントを実施した後、個々の重要なシステムごとにリスクアセスメントを実施して最適な対策を導き出すという効率的で先進的な考え方」へと変化してきている。

どうすれば組織の情報資産を効果的に守れるのか、どうすればレジリエンス（回復力）のある情報セキュリティ体制を実現できるのか――。現状を変えるため、木村は〝表の顔〟だけに飽き足らず、〝裏の顔〟でも最新動向をはじめとする情報セキュリティの要諦を伝え続けてきた。

知見をさらに深めるための自己研鑽もずっと続けている。ＩＳＭＳ主任審査員のほか、ＩＳＭＳクラウドセキュリティ主任審査員、情報処理技術者関連資格など、10を超える情報セキュリティ関連資格を木村は有

する。

そして今、木村のこうした努力の積み重ねを活かせる、またとない機会がやってきている。NTTコムウェアの情報セキュリティポリシーの大改革である。

20年振りの大改革に込める思い

一般企業向けのセキュリティコンサルタント業務などを経て、現在の木村の〝表の顔〟は初代ISMS推進室のメンバーだった20年前に近いものとなっている。木村を指名する大手クライアントのアドバイザリー業務は続けながら、ISMS認証の維持をはじめ、NTTコムウェア自身の情報セキュリティ体制を強化することが木村の役割だが、情報セキュリティポリシーの抜本的見直しという大仕事に取り組み始めたのだ。

NTTコムウェアの情報セキュリティポリシーは、時代の変化や規格改正に合わせてアップデートされてきたが、土台は木村らが20年前に作ったときから基本的に変わっていない。それを20年振りに土台から作り直そうというのである。持株会社が情報セキュリティポリシーの抜本的見直しをグループ各社に要請したのがきっかけだ。

持株会社が情報セキュリティポリシーの〝雛形〟として提示したのは、米国政府機関であるN

ＩＳＴ（National Institute of Standards and Technology：米国国立標準技術研究所）が公表するガイドラインをベースに、様々なセキュリティ基準を参考とした最先端のもの。先ほどのリスクアセスメントの考え方も含め、木村が描いていた理想像とも一致する。

この雛形をベースに、ＮＴＴコムウェアに適した情報セキュリティポリシーを策定し、適用していくことが木村の今一番のミッションだ。

「20年前の私は情報セキュリティについて、よくわからない状態で模索していました。しかし今ではたくさんの経験を通して、情報セキュリティに関する知識及び技能を適用する能力がかなり高まってきたと自負しています。それらを活かして、ＮＴＴグループの情報セキュリティ向上に貢献したいと考えています」

ＮＴＴコムウェアは、ＮＴＴグループ全体のＤＸを推進し、競争力強化、全体最適を牽引していくことが求められており、世界に約９００社以上あるＮＴＴのグループ会社におけるセキュリティの下支えをする役割も期待されている。

「20年振りの情報セキュリティポリシーの大改革に携われることができ、とても気持ちが高揚している」。こう語る木村は、ＮＴＴコムウェアだけではなく、グループ全体に寄与する情報セキュリティの土台作りに現在挑んでいる。

プロフィール

NTTコムウェア
技術企画部
マネジメントシステム部門
マネジメントシステム担当
セキュリティコンサルタント

木村歳修（きむら さいしゅう）

自社でのISMS認証取得をスタートにして、情報セキュリティコンサルティング分野を確立し、2000年頃から大企業、官公庁を中心に情報セキュリティポリシー策定支援、ISMS認証取得支援、社会的インシデント発生時の情報セキュリティ監査、eｰラーニングコンテンツの作成等の実績多数あり。現役で勤務する傍ら、ISMS主任審査員として、またISMSの研修講師として幅広く活躍しており、明瞭な口調での分かり易い講演に定評がある。

【取得資格】JRCA登録ISMS主任審査員・QMS審査員、情報処理安全確保支援士、情報処理技術者（システム監査技術者、プロジェクトマネージャ、情報セキュリティアドミニストレータ、情報セキュリティマネジメント）、MCP、個人情報保護士 等

第19章

NTT西日本のコミュニティ立ち上げ人
「叩けよさらば開かれん」

NTT西日本
ビジネス営業本部
エンタープライズビジネス営業部
ネットワーク&ソリューション部門
ソリューション担当　担当課長
谷口貴之

ＮＴＴ西日本　ネットワーク＆ソリューション部門
谷口貴之

名古屋のセキュリティ界隈で、よく知られた人物がいる。名古屋を中心に活動するセキュリティコミュニティを3つも立ち上げたＮＴＴ西日本の谷口貴之である。

入社2年目に「セキュリティの第一線で活躍しよう」と心に決めた谷口。〈トラスト（信頼）〉あるデジタル社会の実現をめざすＮＴＴグループの上級セキュリティ人材を紹介する第19章では、ＮＴＴ西日本のセキュリティをリードする谷口が登場する。

大学院修了まで、ずっと過ごした街、名古屋。生まれ育った地元で働けることに喜びながらも、谷口貴之は少し複雑な気持ちでいた。

谷口がセキュリティの道を歩むことを決意した

のは、NTT西日本に入社して2年目のこと。約6年いた本社のセキュリティ担当部署を離れ、地元・名古屋支店に来てから7年近くが経っていた。

セキュリティの第一線を志願した理由

2000年に大学院を修了後、NTT西日本へ就職した谷口。大阪へ出てきて、最初に配属された現場は、開業準備中のある人気施設だった。そのPOSシステムの構築に携わった。

「右も左も分からない新人でしたが、凄くやりがいのある仕事でしたね。ただ、ふと周りを見渡すと、お客様も一緒にやっているメーカーさんも、経験10年以上のプロフェッショナルの方たちばかり。自分が同じように10年経験を積んだ頃にはさらに先を行っています。『この人たちを追い越すのは難しいな』と思ったんです」

「第一線で活躍したい」。谷口は、新入社員の頃から、そうした思いが強かったという。

そんな谷口の心を捉えたのが、サイバーセキュリティの世界だった。相次いだ官公庁のWebサイト改ざん事件、個人情報保護法の制定などを背景に、急速に注目を集め始めていた。

「なんだ、この世界は」。ウイルス感染したPOS端末の復旧作業などを通じて、新入社員の谷口もセキュリティの世界の深さに触れていた。「この新しい世界なら第一線で活躍しやすいので

は」。POSシステム構築のプロジェクトが一段落した入社2年目、谷口はセキュリティ担当部署への配属を志願する。

希望通り、セキュリティの道を歩み始めた谷口は、草創期特有の独特な熱気の中、新しい経験を次々と積んでいく。

サーバーの脆弱性診断、ファイアウォールの構築、地方自治体へのセキュリティポリシーに関するコンサルティング、1000人規模のセキュリティ部隊の立ち上げ、ISMS認証の取得など、技術とビジネスの両方に同時並行で取り組んでいった谷口。自ら選んだセキュリティの世界にどっぷりのめり込んでいく。

3つのセキュリティコミュニティを立ち上げ

約7年の本社勤務の次は、地元・名古屋へ戻ってきた。

約10年にわたる名古屋支店時代、谷口はＳＥとしてＩＴインフラの構築・運用を担当した。ファイルウォールの構築など、谷口が得意なセキュリティは仕事の一部。今度は、セキュリティにとどまらない、ＩＴインフラ全般にわたる経験を谷口は積んでいった。

地元・名古屋を代表する企業のＩＴインフラを支える仕事。当然やりがいは大きい。ただ名古屋支店勤務が7年目を迎えた頃、谷口は入社2年目の決意をよく思い出すようになる。

「今の仕事はセキュリティ中心ではない。自己研鑽しないと、セキュリティの第一線から遠ざかってしまう」――。谷口は、名古屋を主な活動エリアとするセキュリティコミュニティ作りに動き出した。

最初に作ったのは「ＣＩＳＳＰ東海コミュニティ」だった。

ＣＩＳＳＰ（Certified Information Systems Security Professional）は、セキュリティのプロフェッショナルを認定する国際資格である。名古屋支店への異動前、谷口は大阪エリアのＣＩＳＳＰの有資格者が集うコミュニティに参加していた。「同じようなコミュニティを作って、一緒に勉強できないかと考えたのです」

谷口は東海エリアのＣＩＳＳＰ有資格者の情報を人伝てに教えてもらいながら、「一緒にやりませんか」と声を掛けて回った。ＣＩＳＳＰ有資格者のためのクローズドな勉強会ながら、コミュニティの参加者は約30名まで拡大した。

2つめのコミュニティも作った。きっかけは、ＣＩＳＳＰ東海コミュニティでの会話だった。『ＯＷＡＳＰの名古屋支部がいるよね』という話が何人かのメンバーとの間で持ち上がったのです」

ＯＷＡＳＰ（Open Web Application Security Project）は、Ｗｅｂアプリケーションのセキュリティに関するオープンなグローバルコミュニティである。世界各地にチャプター（支部）があり、国内でもＯＷＡＳＰ Ｊａｐａｎが日本支部として積極的に活動。さらに、関西などの各地域にローカルチャプターもあったが、名古屋には存在しなかった。

谷口らはＯＷＡＳＰ Ｊａｐａｎの協力を得ながら、国際本部に申請してＯＷＡＳＰ Ｎａｇｏｙａチャプターを発足する。

続けて谷口は、3つめのコミュニティも立ち上げる。重要インフラのセキュリティをテーマとする「中部サイバーセキュリティコミュニティ（ＣＣＳＣ）」だ。

ＣＣＳＣの母体となったのは、名古屋大学の高倉弘喜教授（現在は国立情報学研究所 教授）が開催していた勉強会だ。勉強会後の飲み会等で、様々な企業・団体のセキュリティ担当者が参加していることを知った谷口は、「勉強会とは別に、仕事のための情報交換のためのコミュニティを作りませんか」と動いた。その結果、名古屋工業大学の渡辺研司教授、名古屋大学の嶋田創准教授、岡崎女子大学の花田経子講師の協力も得て、企業、警察、大学からなる産官学のコミュニティが出来上がった。

谷口が作った３つのコミュニティは、それぞれ性格が異なる。１つめのＣＩＳＳＰ東海コミュニティはセキュリティのプロが自己研鑽のために集まるクローズドなコミュニティ、２つめのＯＷＡＳＰ Ｎａｇｏｙａは個人がボランティアで参加するオープンなコミュニティ、3つめのCCSCは企業・団体の看板を背負って参加するコミュニティだ。

3つのコミュニティ活動を通して、セキュリティの第一線に帰ってきた谷口。名古屋支店の次の活躍の場は、本社のセキュリティチームだった。

重要インフラ企業10数社が合同サイバー演習

谷口が大阪勤務となったのを機に、CISSP東海コミュニティこそ活動を休止しているが、OWASP NagoyaとCCSCは今も活発に活動中だ。谷口も中心的役割を担い続けている。

OWASP Nagoyaは、セミナー形式やハンズオン形式のイベント、そして交流を深めるための「オワスプナイト」など、年に数回のイベントを開催している。「イベントを開催すると100名くらい集まる大きなコミュニティに育ちました」

中部電力、中部国際空港（セントレア）、東邦ガス、愛知県警など、中部地域の重要インフラを担う企業・団体が数多く参加するCCSCは、隔月開催の情報交換ワーキンググループや、年1回の合同演習などの活動を行っている。

合同演習には、中部を代表する10数社の重要インフラ組織のセキュリティ担当者約100名が

1つの会場に集まる。
その大きな特徴の1つは「分野横断」の演習であることだ。用意されている演習シナリオは、参加組織ごとに別々だが、「『あの会社に対策を聞きに行け』という社長指示が出たり、愛知県警さんも参加されていますから、本物のお巡りさんが事情聴取に来たり」と、参加団体同士が交流するシナリオが組み込まれているという。
「コミュニティ活動をしていて、すごく面白いのは、いろいろな考え方や価値観を知ることができるところです。業種や担当業務、立場などによって、考え方や価値観は全然違ってきます。セキュリティ対策の正解は1つではない。多様なアプローチがあって、どれも正解であり、時と場合によって最適解が変わってくるということがよく分かりました」

もちろん苦労もある。谷口が特に気を配るのは、コミュニティの熱量をどう維持するかだ。最初は熱意のあるメンバーばかりだったコミュニティが、規模の拡大やメンバー交代に伴い、熱量が失われていくというのはよくある話である。

「大切なのは、1人1人が主役になることだと思っています。1人1人が主役になるとは、教える側／教わる側といった関係に固定されないこと。お互いが教える側であり教わる側である関係のことです」。そこで例えばCCSCの情報交換ワーキンググループでは、順番に発表を担当するなど、「関係が入れ替わる」「関係をかき混ぜていく」ことを意識してコミュニティを運営しているそうだ。

「1人1人が主役になって、『Aさんはこんな課題意識を持っているんだ』といったことをお互いに知り合うようになれば、顔の見える関係がコミュニティ内にできてきます」

そして、この顔の見える関係が、コミュニティの熱量維持へとつながっていく。「名古屋は製造業が多い地域です。IoTやOTといわれる分野で日本のセキュリティを引っ張っていけるような活動をしていきたいですね」

「動くと動いた分だけ、周りの人が助けてくれた」

現在、NTT西日本のセキュリティの顔の1人として、自治体・大学などのセキュリティ関連システムの構築・運用、国際的イベントのセキュリティ監視、コミュニティや大学講師等の対外業務などの幅広い活動を行っている谷口。

NTT西日本に在籍する女性セキュリティエンジニアのためのコミュニティの設立・運営もサポートした。さらに、「いろいろな業界の企業が助け合える、CCSCのようなコミュニティを九州や北陸、四国などにも作っていきたい、というのが今考えているチャレンジです」と谷口は言う。

「叩けよさらば開かれん」――。谷口は新約聖書のこの有名な一節をよく思い出す。

谷口は3つのコミュニティを立ち上げたが、そこには周囲のサポートが常にあった。

「まったく交流がなかった人に突然連絡を取って、『一緒にコミュニティをやりませんか』と誘うわけですが、やってみると案外、みんな喜んで参加してくれたり、いろいろな人を紹介してくれたりするんです。動くと動いた分だけ、周りの人が助けてくれました。だから迷ったときには、いつもこの言葉を思い出して、自分のお尻を叩いているんです」

今はその恩返しとして、若手などを助ける機会もどんどん増えてきた。
「セキュリティの概念は、クラウドやゼロトラストなどの登場によって、大きく変化しています。また、セキュリティの範囲自体も広がっていますから、若い人からすれば第一線で活躍できるチャンスがいっぱい転がっていると思うのです」
自ら目指してセキュリティの第一線に辿り着いた谷口。自身のこれまでの歩みを振り返り、こうエールを送った。

プロフィール

NTT西日本
ビジネス営業本部
エンタープライズビジネス営業部
ネットワーク&ソリューション部門
ソリューション担当　担当課長

谷口貴之（たにぐち たかゆき）

2000年にNTT西日本に入社。法人のお客様に対する情報システムの構築業務にたずさわる。その後、サーバの脆弱性診断、セキュリティコンサル、セキュリティ監査といったセキュリティ分野でのビジネスにたずさわりつつ、社内のセキュリティポリシー策定、ISMS認証取得なども担当。

現在は地域セキュリティコミュニティの形成にも取り組んでおり、中部サイバーセキュリティコミュニティやOWASP名古屋支部の立ち上げに参加。CISSP、CISA、情報セキュリティ監査人、技術士（情報工学）資格を保有。

第20章

CSIRTの成熟度を測る「SIM3」
世界にたった6人しかいない
〝権威〟の素顔

NTTアドバンステクノロジ
セキュリティ事業本部　主幹技師
兼　情報セキュリティ推進部　担当部長
小村誠一

NTT アドバンステクノロジ　セキュリティ事業本部／情報セキュリティ推進部
小村誠一

ＣＳＩＲＴを設置する企業が増えるなか、「なんちゃってＣＳＩＲＴ」も増加している。

なんちゃってＣＳＩＲＴの特徴は、「何も起きないから何もしないし、何の見直しもしていない」「メンバーとの連絡方法を更新しておらず、連絡ができない」など。なんちゃってＣＳＩＲＴのままでは、重大なインシデントは乗り切れないし、社内でＣＳＩＲＴの有用性の認識や他のＣＳＩＲＴから信頼を得ることは難しい。

そこで近年、関心が高まっているのが、ＣＳＩＲＴの成熟度を評価するモデル「ＳＩＭ３」だ。ＳＩＭ３は、自組織のＣＳＩＲＴの現状を点検し、継続的に改善していくための評価軸を提供する。

〈トラスト（信頼）〉あるデジタル社会に向けて

奮闘する、NTTグループのセキュリティのプロフェッショナルを紹介する第20章に登場するのは、このSIM3のエキスパートである。世界でわずか6人しかいないSIM3の権威、NTTアドバンステクノロジの小村誠一を紹介する。

男はその夜、190cmを超える大男と一緒に、銭湯の湯船に浸かっていた。訪れた国のローカルなお風呂に入るのが趣味だというオランダ人の酔狂なリクエストに応えて、滞在するホテルにほど近い銭湯へ連れてきたのだ。「ネイティブアメリカンの小屋の中にあるサウナに入ったことがあるんだ」というのが、このオランダ人の自慢の1つだった。

酔狂さでは、実は日本人のほうも負けてはいなかった。国内外のセキュリティ専門家たちに「大のスイーツ好き」として知られる。参加するセキュリティカンファレンスにはお気に入りのスイーツを持ち込んで配り、スイーツ談義を交わす。この大男には、後に自宅へ招かれ、オランダ家庭で親しまれている手作りパンケーキを振舞ってもらった。

日本人の名前は小村誠一。NTTグループ全体を支援するCSIRT「NTT-CERT」などを経て、現在はNTTアドバンステクノロジ（NTT-AT）に勤務する。普段はセキュリティプロフェッショナル人材の育成や、顧客向けのセキュリティ事業に従事。重度なセキュリ

ティインシデントが発生した際には、NTT－ATの情報セキュリティ推進部配下のCSIRT「AT－CSIRT」の中核メンバーとして事態収拾に動く。

一方、オランダ人の名前は、ドン・スティクフールト（Don Stikvoort）。CSIRTの構築・運用ノウハウをまとめたCSIRTのバイブル『CSIRTのためのハンドブック』の共著者であり、CSIRTの名付け親の1人でもあり、そしてCSIRTの成熟度評価モデル「SIM3（Security Incident Management Maturity Model）」の生みの親でもあるCSIRTコミュニティの超大物、その人である。

「なんちゃってCSIRT」になっていませんか？

出会いは、オランダで2015年4月に開催された国際カンファレンスだった。聴衆の1人として、ドンの講演を聞いた小村は、このときSIM3を初めて知り、衝撃を受ける。

SIM3と出会う以前、「私は自身の経験や他社の事例などをもとに、CSIRTのマネジメントや実際のインシデント対応を行っていました」と小村は言う。自組織のCSIRTは本当にきちんと機能しているのか——。それを客観的に評価する術を持たなければ、「なんちゃってCSIRT」になっている可能性が拭い切れない。

SIM3は、CSIRTのマネジメントを「組織（O：Organization）」「人材（H：Human）」「ツール（T：Tools）」「プロセス（P：Processes）」の4つの象限（カテゴリ）に整理し、合計45の測定項目（パラメータ）でチェックすることで、CSIRTの改善に活かしていくための評価手法である（**表20－1**）。

では、SIM3では、CSIRTの成熟度をどのように評価するのか。まずは、どういったパラメータが用意されているのかを見ていこう。

組織	自チームの目的、構成など、チームの基本定義、連携するCSIRTとの関係
人材	自チームに必要なスキルやメンバー数、メンバーが持つべきスキルの定義とその維持向上法
ツール	自チームの活動に必要なツールや情報ソースの定義とその維持向上法
プロセス	インシデント管理や他のセキュリティ団体との連携、セキュリティ向上、チーム運営などの活動とその維持向上法

表20-1 CSIRTの改善に活かす評価手法「SIM3」

SIM3のパラメータは、組織（O）のパラメータの1つめであれば「O－1」という形式で項番が付けられている。例えばO－3「権限」は、CSIRTが目的や役割を達成するための権限を有しているかを評価するパラメータだ。

重大なインシデントが発生した際、経営層などの上位マネジメントへ迅速にエスカレーションするプロセスがあるかを評価するのは、P－1「経営層へのエスカレーション」である。

また、P－10「インターネットプレゼンスのベストプラクティス」は、自チームの憲章や連絡方法のインターネット上での提供、社内のメール管理者やWebサーバー管理者との連携を評価する項目である。

外部のセキュリティ団体や善意の者から、自組織のセキュリティ上の問題に関する連絡を受け取るには、CSIRTと社内メール管理者、CSIRTとWebサーバー管理者の連携が欠かせない。小村によれば、海外から緊急連絡や重大なインシデント情報を受け取ることを想定して体制を整備している日本のCSIRTは少ない。「CSIRTは自組織のセキュリティに関する受付窓口の役割を担っており、社会からもそれが求められています」

そして、それぞれのパラメータは、下表の5段階の成熟レベルで評価される（**表20－2**）。

このように45のパラメータにより、自組織のCSIRTの成熟レベルを評価することで、「なんちゃってCSIRT」になっていないかを点検でき、自組織のウィークポイントの改善を図っていけるのである。

「CSIRTの構造が象限で整理され、CSIRTを構成する要素の過不足や必要性を検討する点を見て、数学専攻だった大学時代に学んでいた数理論理学のモデル理論を思い出しました」

自身の問題意識や感覚にSIM3がぴったりと当てはまった小村は、講演を聴いた翌年、日本で開催するコミュニティの会合での講演をドンへ依頼する。ドンと銭湯に行ったのは、このときのことである。

SIM3の成熟レベル	
レベル0	未定義・不明
レベル1	認識しているが、文書化していない
レベル2	文書化しているが、責任者の承認を得ていない
レベル3	文書化して責任者が承認済み
レベル4	3に加えて、定期的に評価・改善を実施している

表20-2　SIM3の成熟レベル

グローバルCSIRTコミュニティの加盟条件にもなったSIM3

SIM3は発祥地である欧州において、すでにトップクラスをめざすCSIRTに欠かせないツールとなっている。

「EUのサイバーセキュリティを統括しているENISA[注1]（欧州ネットワーク・情報セキュリティ機関）はSIM3を活用し、EU加盟国のナショナルCSIRTの成熟度を上げていくプログラムに取り組んでいます。また、欧州のCSIRTコミュニティでは、Certified Teamと呼ばれるトップクラスのCSIRTを認定するのにSIM3を用いています」

ナショナルCSIRTとは、国や地域を代表するCSIRTのこと。日本では、JPCERT／CC（JPCERTコーディネーションセンター）がナショナルCSIRTの役割を担っている。

グローバルなCSIRTコミュニティであるFIRST[注2]（Forum of Incident Response and Security Teams）でも2022年1月から、加盟条件としてSIM3によるセルフチェック結果の提出を求めるようになった。

さらに日本、そしてアジアでもSIM3への注目は高まっている。

仕掛け人の1人は小村だ。日本シーサート協議会[注3]（NCA）のSIM3実行委員長を務めるだけではない。世界に6人しかいないSIM3の〝権威〟の1人として、日本・アジアでの普及推進に取り組んでいる。

SIM3で浮き彫りになった日本のCSIRTの特徴

SIM3は、自身によるセルフチェックを行うだけでも有効だ。だが、CSIRTの現状や改善点を、より正確に把握するには専門家による診断が必要になる。

ドンが開発したSIM3は現在、欧州に本拠を置く[注4]OCF（Open CSIRT Foundation）により公開されており、OCFが認めたCertified SIM3 Auditor（監査人）による評価を受けることができる。

このＡｕｄｉｔｏｒを育成・認定する役割を担っているのが、世界にまだ6人しかいないＡｕｄｉｔｏｒ Ｔｒａｉｎｉｎｇの資格保持者である。小村は２０２２年7月に取得した。日本人ではもう1人、ＮＴＴデータ先端技術の杉浦芳樹が資格を持つ。

「ですから今後はドンを日本やアジアに呼ばなくても、Ａｕｄｉｔｏｒのトレーニングが行えるようになりました。杉浦さんと私が中心になって、日本やアジアの活動をリードしていこうと考えています」

例えば取り組んでいることの1つが、セルフチェック用のトレーニングメニュー開発だ。前述の通り、ＳＩＭ3によるセルフチェックは、ＣＳＩＲＴのグローバルコミュニティであるＦＩＲＳＴの加盟条件になった。

「まずはＦＩＲＳＴに加盟したい日本企業の方向けに、『こういったことに注意して、こういう風にセルフチェックを行うといいよ』と教えるトレーニングメニューを開発しようと思っています」と小村は語る。

さらに、２０２1年初めて日本で開催した中級者向けトレーニングメニューの一層の充実、来年日本で開催するＡｕｄｉｔｏｒをめざす人向けトレーニングを調整し、日本人で講師を行い実施した。

小村によれば、ＳＩＭ３で評価すると、日本と欧州のＣＳＩＲＴの違いが浮き彫りになるという。日本のＣＳＩＲＴは、「ツール」については高評価だが、「人材」が弱いケースが多い。一方、欧州では「組織」が一番重視され、「ツール」に要求される成熟レベルは低い。

「セキュリティ人材の育成計画をきちんと立て、しっかり費用を投じている企業が少ないのが日本のＣＳＩＲＴの特徴です。そこで人材、組織に特に注力したいと考えています」

また、小村は、外部のセキュリティ団体やホワイトハッカーからの情報を受け取る「受付窓口」としての役割の重要さも強調する。

ＳＩＭ３が広まり、「なんちゃってＣＳＩＲＴ」に

なっていないかをチェックし、セキュリティに関する受付窓口として社内外から信頼されるCSIRTが増えれば、高信頼のデジタル社会にどんどん近づいて行けるという思いが小村にはある。

CSIRT改善に〝日本発〟のアイデアを

SIM3の伝道師としてCSIRTの改善に貢献していくとともに、日本発、アジア発でSIM3、CSIRTをさらに良くしていくことも小村の願いだ。

すでに様々な議論と提案を行っている。例えば、FIRSTの2021年の年次カンファレンス「2021 FIRST Conference」では、「CSIRTにもBusiness Continuity（事業継続）の観点が必要だ」と提案したという。

原点は、2011年に起きた東日本大震災での経験だ。NTT－CERTは当時、電源消失によりコンピューター上で管理していた情報が閲覧できなくなる可能性も見据えながら、CSIRT業務を遂行した。

「自然災害の発生直後は、寄付金募集を騙った不正行為が活発化します。これらの行為の監視や警告のため、CSIRT活動を継続することが重要でしたが、CSIRTの環境は無停電区域に入っていませんでした。そうした震災時に得た知見なども活かし、いろいろな意見交換を重ねてきています」

今回のパンデミックに関連した情報発信や議論も行っている。

「私自身、感染予防のため、現地対応をお願いできなくなったり、困ったことがいろいろありました。しかし、自分1人で『困った、困った』と言っていても仕方ありません」

小村らNCAのメンバーは、日本のCSIRTの実態を調査。コロナ禍でのCSIRT活動の困りごとや実際に行っている対策をまとめ、日本にとどまらず、世界へ向けて発表した。

「『これが日本のCSIRTのコロナ対応の事例です。世界中のあなたたちは、どんな点に注意しましたか』と投げかけ、議論を深めていくためです。世界の価値観や置かれた状況は多様です。お互いに意見交換することで、今まで気付かなかった新しい視点が得られるのです」

聞けば、カンファレンスなどでスイーツを配る理由の1つも、自分が知らない新しいスイーツ情報を仕入れるためだという。「自分で発信すればするほど、情報は集まってくるのです」と小村は笑みを浮かべる。

ドンが前回来日したとき、今度はスーパー銭湯へ一緒に行った。世界と交流しながら、小村は日本・アジアのCSIRTの発展をめざす。

プロフィール

NTTアドバンステクノロジ
セキュリティ事業本部　主幹技師
兼　情報セキュリティ推進部　担当部長

小村誠一（こむら せいいち）

NTTセキュリティプリンシパル、Certified SIM3 Trainer and Auditor、CISSP日本シーサート協議会（NCA）SIM3実行委員長、CSIRT評価モデル検討WG主査、他、東京電機大CySec講師、情報セキュリティ大学院大学元客員教授

1989年日本電信電話入社。自律分散処理技術の研究開発業務を経て、NTT-CERTにてインシデントハンドリング、脆弱性診断、CSIRT構築・改善支援等に従事。2016年NTTアドバンステクノロジ入社。社内CSIRTの立上げ、インシデントハンドリングやその支援、CSIRT改善、セキュリティ教材開発、セキュリティ研修などの業務に従事。CSIRT成熟度モデルの活用や改善に加え、CSIRTのBCMやCSIRTサービスの検討、CSIRTトレーニングを実施。また、Global Forum on Cyber Expertise（GFCE）の national CSIRT 構築支援活動や、Open CSIRT Foundation（OCF）やFIRST等のCSIRT関連資料の翻訳も実施。著書『CSIRT－構築から運用まで－』（共著）、NTT出版（2016）。趣味はスキーとスイーツやローカルフードの食べ歩き。

第21章

遺伝子ビジネスのセキュリティを守る
ＮＴＴライフサイエンス設立の「怒涛の日々」

ＮＴＴライフサイエンス
ライフイノベーション部
システム開発部長
茂垣武文

NTT ライフサイエンス　ライフイノベーション部
茂垣武文

NTTライフサイエンスは2020年4月、遺伝子検査サービス「Genovision Dock」の提供を開始した。準備期間はわずか1年。怒涛の日々のなか、究極の個人情報ともいえる遺伝情報を守るセキュリティの仕組みをつくり上げたのは、東京2020オリンピック・パラリンピック競技大会のセキュリティソリューションも担当した男だった。

〈トラスト（信頼）〉あるデジタル社会の実現に向けて奮闘する、NTTグループのセキュリティのプロフェッショナルを紹介する第21章は、NTTライフサイエンスの茂垣武文を紹介する。

「お前ももう中学生なんだから、アマチュア無線の免許くらい取っておかないとな」

中学生になると、茂垣武文は父親にこう言われたという。

「そんなものかなと思って講習会に行ってみると、中学生なんて私以外には誰もいないわけです（笑）」

「だまされた？」と思いながらも、結局は頑張ってアマチュア無線の免許を取得したという。

父は電電公社、祖父は逓信省――。〝ICTの遺伝子〟を持って生まれてきたとも言えそうな茂垣は今、NTTライフサイエンスで遺伝子ビジネスを推進している。

遺伝的にかかりやすい病気にならないために

NTTライフサイエンスは、健康・医療ビッグデータ解析により新たな価値創出に取り組む企業だ。同社が提供しているのは遺伝子検査サービス「Genovision Dock」。遺伝子解析により、将来どのような病気になるリスクが高いかなどを知ることができる。

「現在およそ90の病気について、遺伝的にかかりやすいかどうかを解析でき、さらに予防のための行動変容案内をエビデンスと合わせて提供しています。例えば私の場合、前立腺がんの発症リスクが遺伝的に高いので、予防のために牛乳を控えています。しかし逆に大腸がんのリスクが高い人は牛乳を飲んだ方がよいですね。このようにGenovision Dockで自分の設計図を知ることで、より健康的な行動を選択していくことができます」と茂垣は紹介する。

国内には他にも遺伝子検査サービスがあるが、現時点で行動変容案内が約800種類と充実していることがＧｅｎｏｖｉｓｉｏｎ Ｄｏｃｋの大きな特徴の1つだ（**図21－1**）。

ＮＴＴライフサイエンスの設立は2019年7月。茂垣は最初期の4人のメンバーの1人として、設立前の2019年4月から参画している。新会社立ち上げにあたり、トップから厳命されたのは、2020年4月のサービス開始。与えられた時間はわずか1年だった。

会社登記からサービス企画、システム開発まで、茂垣の奔走が始まるが、最も重要な仕事の1つがセキュリティの確保だった。

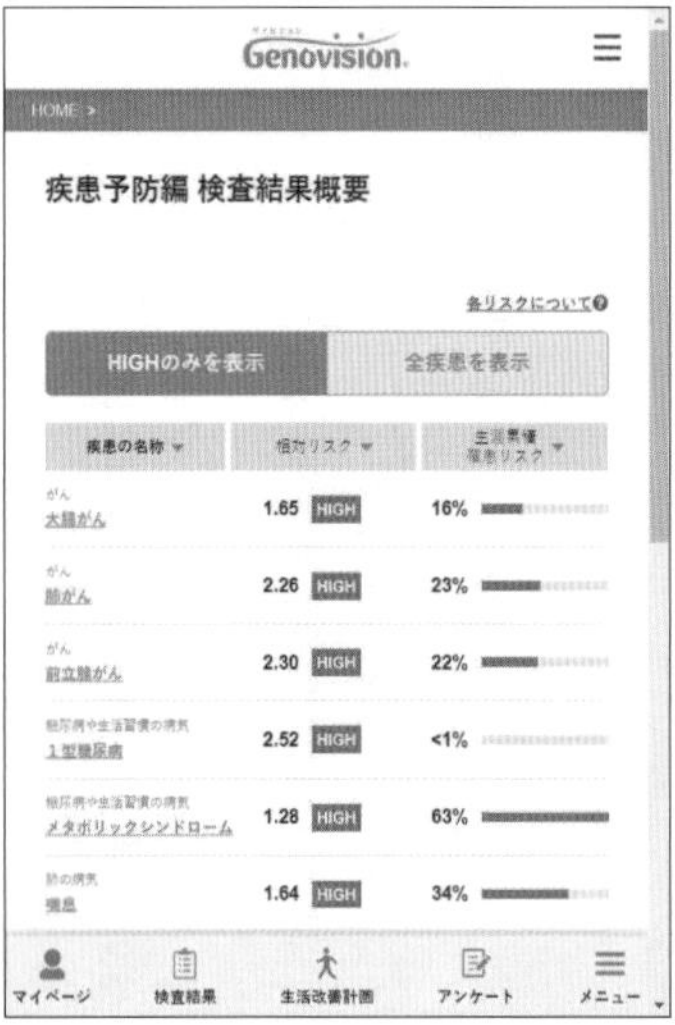

図21-1　遺伝子検査サービス「Genovision Dock」の検査結果例。同サービスの遺伝子検査結果は、病気へのなりやすさを案内する「疾患予防編」と、栄養摂取や代謝能力について案内する「体質理解編」がある（画像は疾患予防編）

遺伝情報は、究極の個人情報ともいえる。「もし漏えいすれば、事業の存続すらも危ぶまれます」。茂垣はその重責を担っている。

セキュリティ志望のきっかけは図書館での出合い

茂垣のセキュリティへの取り組みは、大学時代にまで遡る。大学4年生に進級する際、情報ネットワークセキュリティ専攻を選択。大学院を修了してNTTグループに入社した後も、主にセキュリティ畑を歩んできた。

大学時代、セキュリティを専攻しようと決めたのは、「これからはコンテンツの時代になる」と考えたからだったという。

「20年後にビジネスとして伸びそうな分野を研究し

たかったのですが、その頃、図書館で読んだ本に、活版印刷が発明された後の50年間は、コンテンツが花盛りだったと書いてあったのです」

茂垣が大学生だった1990年代半ば、TCP/IPが通信方式の主流として広く普及していく流れがすでに見えていた。つまり、通信方式をめぐる競争から、その上に載るコンテンツの競争へと時代はシフトしつつあった。

図書館で出合った本をきっかけに、そう気付いたというが、それが一体なぜセキュリティにつながるのか。

「当時はコンテンツといっても、ディレクトリ型の検索エンジンでサイトを検索して、いろいろな人が発信している情報を閲覧するくらいでした。しかし今後は、買い物や金融取引なども可能になっていくと思いましたが、まだ実現できていない理由がセキュリティ。それでセキュリティを研究したいと考えたのです」

その読み通り、通信ネットワークを介したコンテンツ流通は、セキュリティ技術の発展とともに、どんどん花が開いていく。

茂垣自身もNTTグループに入社後、国内最大規模の認証サービスの開発、国内最大規模の法人向けエンドポイントセキュリティの導入などを通じて、貢献していった。

東京2020大会組織委員会から遺伝子ビジネスへ

2014年に東京オリンピック・パラリンピック競技大会組織委員会（以下、組織委員会）が発足すると、茂垣もそのメンバーに抜擢された。

「組織委員会のメンバーがまだ100名くらいだった最初から携わることができました。室伏（広治）さんなどとラーメンを食べに行ったりしながら、私はセキュリティアーキテクチャの検討やソリューションの導入を主導しました」

やりがいに満ちた充実した日々。2019年、いよいよSOC（セキュリティ・オペレーション・センター）の立ち上げが完了し、運用フェーズに入ると、茂垣のもとにあるオファーが届く。今度は「遺伝子ビジネスを立ち上げてみないか」というオファーだ。

「組織委員会の仕事を最初から最後までやるという選択肢もありましたが、SOCの立ち上げを終えて、私の仕事としては一区切りついていました。であれば残り1年、運用の仕事をやるよりも、遺伝子ビジネスを立ち上げる方が面白いと思ったのです」

迷いはなかったという。なぜなら遺伝子ビジネスは、約10年越しの念願の仕事でもあったからだ。

茂垣が持つのは、セキュリティのプロフェッショナルとしての顔だけではない。NTTライフサイエンスの立ち上げにあたり、声がかかったのには別の理由もあった。

茂垣は、セキュリティに加えて、サービス企画のキャリアも積んできた。2010年頃に担当していたのは、3年後にサービス化できそうな技術開発の企画である。

「このとき、シリコンバレーの投資動向を調査したのですが、それで分かったのが遺伝子ビジネスへの投資が伸びているということでした。興味を抱いた私は、業務時間の一部を使って、遺伝子ビジネスについてリサーチを続けました」

当時所属していた部署には、業務時間の10％を自分のやりたい仕事に注げる仕組みがあり、この時間を使ったという。

結局このときは事業化までは至らなかったが、「遺伝子ビジネスなら茂垣」という評判は10年近く経っても消えていなかった。

遺伝子を守るセキュリティの3つのポイント

怒涛の日々――。サービス開始までの1年間を、茂垣はこのように表現する。やらなければいけないことが、山のようにあった。

例えばセキュリティに関しては、大きく3つのポイントがあったという。

1つめは、オリジナルのセキュリティガイドラインの作成だ。

遺伝情報の取り扱いには、非常に多くの規制が課せられている。総務省、経済産業省、文部科学省などから出されている遺伝情報に関連したガイドラインは約10種類。毎回これら全部を参照するのは大変である。

そこで、NTTライフサイエンスでは、この約10のガイドラインすべてを総合したセキュリティポリシーのガイドラインをオリジナルで作成することにした。「NTTのブランドがありますから、これらガイドラインを全部しっかり満たすことを考えました」

できあがったのは、A4判・約50ページのガイドライン。省庁等のガイドラインは毎年更新されるため、そのキャッチアップも徹底して行っている。

2つめのポイントは、「このセキュリティポリシーを、当社だけが守るだけでは駄目ということです」。提携する57の医療機関、遺伝子解析する機関など、関係者全員に徹底していただかなくてはならない。延べ1000名を超える関係者に対してセキュリティ研修を行っている。

3つめは、システムへのセキュリティの実装だ。茂垣が心がけたのは「セキュリティ・バイ・デザイン」。システムの最初の企画段階から、セキュリティを埋め込ん

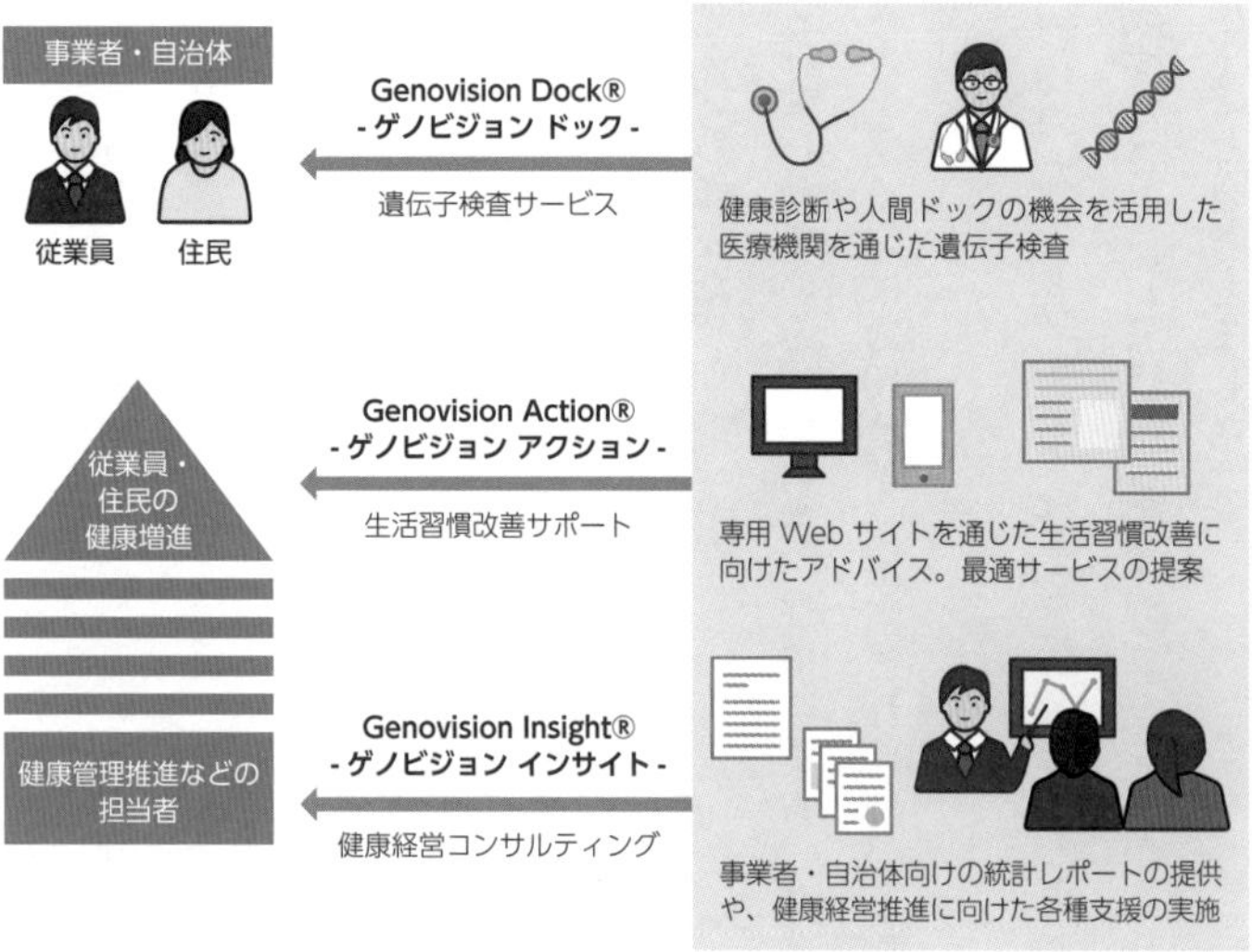
事業者・自治体
従業員
住民
Genovision Dock®
- ゲノビジョン ドック -
遺伝子検査サービス
健康診断や人間ドックの機会を活用した
医療機関を通じた遺伝子検査
従業員・
住民の
健康増進
Genovision Action®
- ゲノビジョン アクション -
生活習慣改善サポート
専用 Web サイトを通じた生活習慣改善に
向けたアドバイス。最適サービスの提案
健康管理推進などの
担当者
Genovision Insight®
- ゲノビジョン インサイト -
健康経営コンサルティング
事業者・自治体向けの統計レポートの提供
や、健康経営推進に向けた各種支援の実施

図 21-2　ＮＴＴライフサイエンスのサービスの全体像

でいく開発手法だ。このため「後から追加した点はほとんどなく、セキュリティの総コストを抑制できました」という。

組織委員会での経験も大いに役立った。組織委員会には100を優に超えるシステムがあったが、それらのシステム全部について、茂垣はどのようなセキュリティ対策をしているかをつぶさに見てきた。「ですから、『このようなシステムはここが危ないから補強が必要』といったノウハウを持っていましたし、その対策のためのセキュリティ製品の知識もかなり身に付いていた。このようなこともあり、短期間で実装できたのです」

システムに施しているセキュリティ対策の一例だが、所定のUSBトークンを持っている人しかサーバーにはアクセスできず、しかもログインするには別の部署の責任者の許可が必要だという。そして、データの持ち出し（ダウンロード）ができないよう制御されるとともに、ログイン中はずっと録画もされる。

怒涛の日々をくぐり抜け、NTTライフサイエンスは予定どおり、2020年4月にサービスインした。

セキュリティの成熟度が高くなれば、ICTの活用範囲も広くなる

茂垣はNTTライフサイエンスで現在、システム開発とセキュリティを担当しながら、サービス企画にも力を注いでいる。

「遺伝的な理由から薬剤の効果と副作用に差が出ることを薬剤応答性と言いますが、『この薬を飲むと副作用が出やすいから気を付けてください』などとお知らせするサービスを検討しています。また、健康支援アプリとの連携等も企画中です」

茂垣はこれまで4件のビジネスモデル特許を出願した。今は5件目のビジネスモデル特許に取り組み中だ。また、NTT持株のメディカル事業推進室 担当部長を兼務し、遺伝子関連の出資先とのビジネス連携なども担当している。

セキュリティの成熟度が高くなれば、ＩＣＴの活用範囲も広がっていく──。これが、大学時代以来の茂垣の考えだ。

「私は、ＤＸによる価値創造の〝副作用〟がセキュリティリスクだと捉えています。今は、副作用の危険性をあまり顧みずに問題が起きたり、逆に副作用を恐れ過ぎてＤＸが遅れてしまったりしているケースがあるようです。セキュリティの知見を持った方が、各プロジェクトにもっとメンバーとして加わった社会になれば、ＩＣＴを上手に活用できる範囲はさらに広がっていくのではないでしょうか。私自身も仕事を通じて、ＩＣＴの利便性を、もっと社会に展開できるように貢献していきたいと考えています」

ＩＣＴによる価値創造にブレーキをかけることが、セキュリティのプロフェッショナルの役割ではない。価値創造の可能性を広げていくことが、セキュリティのプロフェッショナルの仕事だというのが茂垣の信念だ。

プロフィール

NTTライフサイエンス
ライフイノベーション部
システム開発部長

茂垣武文（もがき たけふみ）

1975年、東京都生まれ。1998年 早稲田大学 理工学部 電子・情報通信学科 卒業、2000年同大学大学院 理工学研究科 電子・情報通信学修了後、NTTコミュニケーションズ株式会社へ就職。入社以来、法人営業部門のシステムエンジニアやサービス企画・開発に従事。経営企画部や技術開発部などを経て、東京2020オリンピック・パラリンピック競技大会組織委員会セキュリティソリューション担当部長として、大会のセキュリティ対策を推進。2019年より、NTTライフサイエンス株式会社 ライフイノベーション部 システム開発部長、日本電信電話株式会社 新ビジネス推進室 メディカル事業推進室 担当部長を兼務。CISSP。

第22章

NTTデータ 新井悠のセキュリティ人生
「自分自身を常にアップデートしていたい」

NTTデータ
エグゼクティブ・セキュリティ・アナリスト
新井悠

NTT データ　エグゼクティブ・セキュリティ・アナリスト
新井悠

〈トラスト（信頼）〉あるデジタル社会の実現を目指して挑戦する、NTTグループの上級セキュリティ人材を紹介する第22章に登場するのは、NTTデータでエグゼクティブ・セキュリティ・アナリストを務める新井悠だ。

数々のテレビ出演や講演、著書などで知られるセキュリティ業界の著名人である新井は、どのようなセキュリティ人生を歩み、今どこへ向かおうとしているのだろうか。

新井の挑戦を支えてきたのは、「自分自身を常にアップデートしていたい」という情熱だった。

「とんでもないところに来ちゃったな」

記帳を求められたNTTデータの新井悠は、そう思わざるをえなかったという。

その日、招かれていたのは、日本記者クラブの記者会見。登壇者は芳名帳に記帳するのが慣例となっているが、ページをめくると目に飛び込んできたのは、大谷翔平をはじめとした錚々たる人物の直筆署名だった。

日本を代表するサイバーセキュリティの専門家の1人として、最新動向を解説するために呼ばれた新井。自身のサインと一緒に記したのは、高校生の頃から好きだった「独立自尊」という言葉だった。

「自分自身をアップデートしたいと常に思っているんです。自分の人生を決めるのは自分自身。世間の評価などではなく、自分が納得できるかで人生は決まってくると思っていて、それで独立自尊という言葉をずっと大切にしてきました」

新卒でセキュリティ業界に飛び込んで早20年以上。

もっと「とんでもないところ」へたどり着くため、新井は自分自身のアップデートに挑戦し続けてきた。

インターネット黎明期と就職氷河期

「セキュリティホールを突いたんだ」

国内インターネットユーザーの数がまだ1000万人にも達していなかった1990年代後半。大学生だった新井は、いち早くインターネットにハマっていた。あるチャットルームに入り浸っていたが、新井ら常連ユーザーをいつもうんざりさせていたのが、無関係な書き込みなどを繰り返す〝荒らし〟の存在だった。

しかしある日、「もう大丈夫だよ」と1人が書き込んだ。すると荒らしの書き込みがピタリと止んだ。まるで魔法のようだった。その理由をチャットで質問した新井は、このときセキュリティホールという言葉を初めて知る。

「詳しくは教えてもらえなかったので、それで自分で調べ始めたのが入口でした」

ただ、サイバーセキュリティを仕事にしようとまでは考えていなかったという。「アパレル業界など、まったく別の就職先を考えていました。しかし当時は就職氷河期。一般企業の多くが、採用の門戸を閉ざしており、ＩＴの世界なら就職口があるかも、とサイバーセキュリティに取り組んでいる会社を探して見つけたのが、最初に就職した会社でした」

新井が新卒で入社したのは、サイバーセキュリティ専業のインテグレーター。当時はまだ２０0名ほどの規模で、しかもそのうち約30名が新井と同じ新入社員だったというが、現在では連結の従業員数が２０００名を超えている。まさに伸び盛りの企業だった。

9・11同時多発テロをワシントンで経験

「30名の同期は本当に優秀な人ばかりで、僕なんか下から数えた方が早いくらい。周りに刺激を受けて、負けずに頑張ろうという気持ちでいました」

そう振り返る新井は、上司の次の言葉をきっかけにして頭角を現し出した。「お前、体力に自信はあるか。夜勤もできるか」。学生時代、夜間警備のアルバイトをしていたという新井は「そうですね。夜勤もできますよ」と答える。

「じゃあ、お前で決定」。そう言われて与えられた仕事は、Ｗｅｂサイトの監視業務。政府主導のイベントのＷｅｂサイトを監視するという重要な仕事だったのだが、「ところが当時は攻撃が全然来ないんですね。何か問題が起こるとしても、機器トラブル等の障害で、とにかく暇だった

んです」。

独立自尊をモットーにしてきた男は、暇な時間を安穏と過ごしてはいられない。そこで始めたのが、セキュリティホール探しだった。のちにWindowsやInternet Explorerなどの脆弱性を次々と発見して名を馳せる「伝説のバグハンター」誕生の瞬間である。

社内でも注目され、セキュリティホールに特化した研究開発部署の立ち上げ時に誘われた。さらにアメリカ事務所の設立時には、その駐在員にも選ばれた。ところが、アメリカ勤務は、わずか半年で終わりを迎える。

アメリカ事務所が設置されたのはバージニア州ワシントンD.C.。新井が借りたアパートの最寄り駅の名前は「ペンタゴンシティ」だった。

2001年9月11日の朝、歯を磨いていると、非常に大きな衝突音がした。ハイジャックされた旅客機が目と鼻の先にあるペンタゴンに突入した音であることは、事務所のテレビで初めて知った。

新井らは緊急帰国。「サイバーセキュリティという自分の専門性を、自分が生まれ育った国のためにもっと生かせないか。そう思い始めたきっかけが、この事件でした」

東日本大震災を機に、自分の仕事に疑問

帰国後、新井は政府のサイバーセキュリティ関連プロジェクトにも携わり始める。「国の仕事だと、こんなに大きなことができるんだと実感しました」

自身の専門分野についても、セキュリティホールの研究から、セキュリティホールを悪用するコンピューターウイルスの研究へとアップデートしていく。

「2003年頃までは、人間がソフトウェアの欠陥を使って攻撃を仕掛けてくるというのが一般的でした。しかし、次第にコンピューターウイルス自体がソフトウェアの欠陥を悪用するようになります。つまり、自動化です」

並行して、サイバーセキュリティに関する複数の著書を出版。テレビなどメディアの取材を受ける機会も増えていく。周囲からの評価はどんどん高まるが、2011年に起きた東日本大震災

が、それまでの自分の仕事に疑問を抱かせるきっかけとなった。

「避難所情報や福島第一原発の状況などを知らせるメールを騙って、コンピューターウイルスを震災で困っている人たちに送る人たちがいたんです。本当に許せないことです。しかし自分には、ウイルスを解析して『気を付けてください』と注意喚起するくらいのことしかできません」

もっと、たくさんの人に直接役に立つ仕事がしたい——。新井は2年後の2013年、アンチウイルス製品などを提供する大手セキュリティベンダーへと転職した。「実際に困っている人に対して、製品という強力な武器を使って、直接的に防御策をお渡しできるのが魅力の1つでした」

ＮＴＴデータに入社した理由「今までにない経験」

新井は、何年かおきに自身の専門分野を少しずつ変えてきた。最初がセキュリティホール、次がウイルス解析、そして大手セキュリティベンダー時代から注力しているのがＡＩの研究である。

「サイバーセキュリティの世界は、〝ＡＩ対ＡＩ〟のような世界にどんどん近づいています。それで私もＡＩの勉強をしようと思い、ＡＩをサイバーセキュリティに応用する研究に取り組み、論文や本を発表してきました」

だが、自分自身を常にアップデートさせたい男は、またしても自分自身に疑問を抱く。

「私が業界に入った頃、サイバーセキュリティは海の物とも山の物ともつかない世界でした。しかし今では、新聞の一面やＹａｈｏｏ！ニュースのトップにも取り上げられます。それだけ社会にとって重要になったわけですが、セキュリティによって守っているＩＴシステムのことは全然知らないぞ、とモヤモヤした気持ちが強まっていったのです」

自分のキャリアをもう1回考え直す必要性を感じ始めたというが、そんなとき届いたのがＮＴＴデータからのスカウトメールだった。

「NTTデータには、金融、公共、物流、小売など、本当にいろいろな業種のお客様がいます。そうした会社の方が、サイバーセキュリティにどう取り組まれているのかを目の当たりに見てみたいと思ったのです」
２０１９年、新井はNTTデータに入社。従業員数約19万人・世界56カ国にわたるNTTデータグループを守るとともに、サイバーセキュリティに関するアドバイスを様々な業種の顧客へ提供している。
「20年前の僕らは『あっちの世界』とネットを呼んでいました。実社会と離れた世界と認識していたわけです。しかし今は一体化してきています。実社会との融合が進むのに伴い、サイバーセキュリティの領域はものすごく広がっていくでしょう」
ネットとリアルが融合した新しい世界において、自分はサイバーセキュリティの専門家として、一体どんな貢献ができるのか――。

「いろいろな業種のお客様からお声掛けいただきますが、その都度、全く違う環境、全く違う背景で動くシステムを目の当たりにします。ですから、専門家としての知識や経験が非常に試されますし、期待にお応えして感謝されると、自分の心が震えます。今までにない経験ができています」

新井のアップデートは現在も進行中だ。

プロフィール

NTTデータ
エグゼクティブ・セキュリティ・アナリスト

新井悠（あらい ゆう）

２０００年に情報セキュリティ業界に飛び込み、株式会社ラックにてＳＯＣ事業の立ち上げやアメリカ事務所勤務等を経験。その後情報セキュリティの研究者として Windows や Internet Explorer といった著名なソフトウェアに数々の脆弱性を発見する。

ネットワークワームの跳梁跋扈という時代の変化から研究対象をマルウェアへ照準を移行させ、著作や研究成果を発表した。２０１３年８月からトレンドマイクロ株式会社で標的型マルウェアへの対応などを担当。

２０１９年10月、ＮＴＴデータの Executive Security Analyst に就任。近年は数理モデルや機械学習を使用したセキュリティ対策の研究を行っている。

２０１７年より大阪大学非常勤講師。著書・監修・翻訳書に『サイバーセキュリティプログラミング』や『アナライジング・マルウェア』などこれまで10冊以上を手掛ける。ＣＩＳＳＰ。

第Ⅰ部・注釈

第1章

注1 インシデント（情報セキュリティ事故・事象）の発生時から解決までの一連の処理にあたること。出典：「JPCERT のインシデントハンドリングマニュアル」（一般社団法人 JPCERT コーディネーションセンター、2021 年）

第2章

注1 https://www.opengroup.org/

注2 情報セキュリティを企画、設計段階から組み込むための方策。開発プロセスの早い段階からセキュリティを考慮することで、開発するシステムのセキュリティを確保するという考え方。出典：「セキュリティ・バイ・デザイン導入指南書」（情報処理推進機構、2022 年）

注3 Amazon Web Services

注4 Google Cloud Platform

注5 Microsoft Azure

注6 通常のパーソナルコンピュータにより高いセキュリティ機能を付加したコンピュータ。ハードウェア、ソフトウェア、およびセキュリティポリシーを組み合わせて重要なデータを保護する。
ディスクの暗号化やバイオメトリック認証などの物理的なセキュリティ機能、およびファイアウォールやアンチウイルスソフトウェアなどのソフトウェアベースのセキュリティ機能を備えている。また、遠隔地からの安全なアクセスを実現するリモートアクセス機能を使用することが出来る。

第3章

注1 https://www.cisa.gov/jcdc

注2 https://www.cyberthreatalliance.org/

第5章

注1 「レッドチーム」という名称自体は、軍事用語で実戦形式の演習における攻撃側をレッドチーム、防御側をブルーチームと呼んでいたことに由来する。

注2 APT 攻撃（Advanced Persistent Threat：持続的標的型攻撃）：特定の相手にねらいを定め、その相手に適合した方法・手段を適宜用いて侵入・潜伏し、数か月から数年にわたって継続するサイバー攻撃のこと。出典：「年報　サイバー攻撃対策総合研究センター（CYREC）」（独立行政法人 情報通信研究機構、2015 年）

注3 Information-technology Promotion Agency：独立行政法人情報処理推進機構

注4 CVE（Common Vulnerabilities and Exposures：共通脆弱性識別子）：個別製品中の脆弱性を対象として、米国政府の支援を受けた非営利団体の MITRE 社が採番している識別子。脆弱性検査ツールや脆弱性対策情報提供サービスの多くが CVE を利用している。

第 7 章

注 1 事業体が企業価値を追求するために、取締役会・経営陣において意図的に受け入れることが決定されたリスクのレベル。出典：「全社的リスクマネジメント（ERM）を活用した内部監査手法の研究」（一般社団法人 日本内部監査協会、2014 年）

注 2 「レジリエンス」は元々は物理学の用語で、「負荷がかかって歪んだものを跳ね返す力」という意味。そこから、個人や組織が、困難や脅威に直面した時に上手く適応できる能力、あるいは、上手く適応する過程や適応の結果を意味する。

注 3 情報システム部門などが関知せず、ユーザー部門が独自に導入した IT 機器やシステム、クラウドサービスなどのこと。こうした IT 機器やクラウドサービスは適切に管理されないことが多く、仮に脆弱性が発見されたとしても対策されない可能性が想定されることから、シャドー IT はセキュリティ上のリスクとなっている。出典：https://www.nttdata-gsl.co.jp/related/column/meaning-of-resilience.html

第 8 章

注 1 仮想のコンピュータおよびネットワーク環境上で実際のサイバー攻撃を再現することで、攻撃手法や防御技術を実践的に習得するためのサイバー演習システム。

注 2 西日本発祥のコミュニティなので "WEST"。

第 9 章

注 1 企業や企業グループが内部に蓄積してきた資産・資源を活用して、事業や会社を自律的に成長させることはオーガニック・グロース（Organic Growth）と呼ばれる。一方で、M&A などにより外部から資産・資源を取り入れて成長させることをノン・オーガニック・グロース（Non Organic Growth）、あるいは M&A グロース（M&A Growth）という。

注 2 harmonization：調和・協調の意。

第 10 章

注 1 メリーランド州ゲイザースバーグ市にある NIST の研究所の一部。ITL（Information Technology Laboratory）という研究所の中の CSD（Computer Security Division）と呼ばれる部門が同市にある。

注 2 https://csde.org/

注 3 「アイエスシースクエア」と読む。フルスペルは The International Information System Security Certification Consortium。サイトは次のとおり。
https://www.isc2.org/
https://japan.isc2.org/（日本）

注 4 アイザックは、1998 年に米国で発祥し、当時クリントン政権の国家の重要な情報ネットワークを防護する政策によって、重要インフラを構成する民間の各業種において設置が促されたのが始まり。
情報共有による企業間連携はリスクマネジメントの活動の一環であり、防御の費用を下げることができる。
連携相手がたとえ競争業者であっても、お互いから学ぶ姿勢に基づき、相互利益のために監視結果のリソースを貯めていくことができるのが重要なポイントになる。

第11章

注1　第6章参照。

第20章

注1　https://www.enisa.europa.eu/

注2　https://www.first.org/

注3　https://www.nca.gr.jp/

注4　https://opencsirt.org/

あとがき

オールジャパンの取組みが必要

ウクライナで戦争が勃発し、また、世界各地で地政学・地経学的な緊張が高まる中、国家安全保障に関する社会の意識が高まりつつある。その中で、サイバーセキュリティも国家安全保障の重要要素としてスポットライトを浴びることが多くなった。政府や自衛隊のサイバーセキュリティ態勢を整える取組みも進むと報道されており、日本にとっての大きな前進と言えよう。

しかし、忘れてならないのは、日本のＩＴ資産の90％以上は産業界や家庭が保有しているという現実である。政府や自衛隊のサイバーセキュリティ能力を高めることは必要だが、政府や自衛隊だけで日本全体のサイバーセキュリティを確保することは不可能である。この点は日本だけでなく世界のどの国においてもあてはまる事実であろう。米国の国防総省のサイバーコマンドは5000人を超える陣容と聞くが、サイバーコマンドが守っているのは国防総省・米軍であり、米国全土を守っている訳ではない。

通常、国家安全保障の担い手は政府である。防衛省・自衛隊や警察組織による治安活動が国民の安全を守る。外交面では外務省などの省庁も担い手となる。しかしながら、サイバーセキュリティでは、90％以上のＩＴ資産が企業・家庭・個人に保有されている以上、民間も政府と同等、場合によっては同等以上の役割を果たす必要がある。サイバーセキュリティは安全保障問題だが、通常の国家安全保障とは異なり、民間が一定以上の役割を担う必要がある、この点が広く認識されることがとても大切と筆者は考える。

政府が政府としての役割を果たすのは当然だが、政府に頼りきりでは日本のサイバーセキュリティを高めることは出来ない。ＩＴ資産の保有者・運用者である個々の企業、家庭、個人による自助がすべての基本になる。自助する主体が集まって共助が成り立ち、そして公助が大きな意味を持つようになる。このような、オールジャパンでの取組みが必要である。

本書はＮＴＴのセキュリティへの取組みをご紹介することが、他の企業でサイバーセキュリティに携わる方、また、サイバーセキュリティに何らかの課題意識をお持ちの方にとって参考になるならば、可能な限り積極的に情報発信しようと著したものである。企業ミッションである「事業活動を通じた社会的課題の解決」を果たすため、ＮＴＴは自らのサイバーセキュリティを確保するとともに、社会の皆様と積極的に協力を行っていきたい。読者の皆様に、そうした本書執筆の背景・意図をくみ取って頂けるなら幸いである。

謝辞

本書の作成に当たっては、第Ⅱ部で紹介した十人に加え、NTT持株会社セキュリティ・アンド・トラスト室のメンバーや個別事業会社のセキュリティ部門のメンバーを始め、多くの同僚諸氏から貴重なアドバイスを数多く頂いた。中でも、阿部悠氏と田口文也氏は業務多忙にも関わらず、中核となって意見の取りまとめ役を担ってくれた。また、リックテレコム社の新関卓哉氏には、全体の編集において大変お世話になった。皆様に対し、この場を借りて深く感謝を申し上げたい。

末尾に、筆者を長年にわたり支えてくれている妻、横浜望にも深い感謝の意を表したい。

2023年5月吉日

リモートスタンダードの仕事場である自宅にて

横浜信一

索引 *Index*

■執筆者紹介

横浜 信一（よこはま しんいち）

NTT グループ　CISO

通商産業省（現：経済産業省）で8年、マッキンゼーで19年、NTT データで3年のIT経営戦略に関する経験を積んだ後、2014年にNTT入社。以来、日本に本拠地を置く会社としては唯一、営利活動とは切り離したサイバーセキリティの啓発活動に特化したチームのリーダーを務める。特にサイバーセキュリティの官民連携促進について日本と米国を中心としつつ、欧州・東南アジアでも活動。2015年2月のホワイトハウス・サイバーセキュリティ・サミット（於：米スタンフォード大学）や、2017年9月のG7情報通信・産業大臣会合マルチステークホルダー会議（於イタリア、トリノ）等にパネリストとして参加。2018年7月にNTTグループCISO就任、グループ全体のサイバーセキュリティ強化を担う。内閣サイバーセキュリティセンター重要インフラ専門調査会、アスペン・グローバル・サイバーセキュリティ・グループ等、国内外の産官学リーダーへの助言も積極的に行っている。

著書に『ITの本質』（共著、ダイヤモンド社）、『経営としてのサイバーセキュリティ』（共著、日経BP社）、『経営とサイバーセキュリティ』（日経BP社）がある。

サイバーセキュリティ戦記《センキ》
〜NTT《エヌティティ》グループの取組《トリク》みと精鋭《セイエイ》たちの挑戦《チョウセン》〜

2023年6月15日	第1版第1刷発行	著　　者	横浜 信一
2023年6月30日	第1版第2刷発行	発 行 人	新関 卓哉
2023年8月9日	第1版第3刷発行	発 行 所	株式会社リックテレコム
			〒113-0034
			東京都文京区湯島3-7-7
			振替　00160-0-133646
			電話　03（3834）8380（代表）
			URL　https://www.ric.co.jp/
		装　　丁	長久雅行
		組　　版	株式会社トップスタジオ
		印刷・製本	シナノ印刷株式会社

● 訂正等

本書の記載内容には万全を期しておりますが、万一誤りや情報内容の変更が生じた場合には、当社ホームページの正誤表サイトに掲載しますので、下記よりご確認ください。

＊正誤表サイトURL
https://www.ric.co.jp/book/errata-list/1

● 本書の内容に関するお問い合わせ

FAXまたは下記のWebサイトにて受け付けます。回答に万全を期すため、電話でのご質問にはお答えできませんのでご了承ください。

・FAX：03-3834-8043
・読者お問い合わせサイト：
https://www.ric.co.jp/book/ のページから「書籍内容についてのお問い合わせ」をクリックしてください。

製本には細心の注意を払っておりますが、万一、乱丁・落丁（ページの乱れや抜け）がございましたら、当該書籍をお送りください。送料当社負担にてお取り替え致します。

ISBN 978-4-86594-376-4